작물을
사랑한
곤충

농부가 세상을 바꾼다 귀농총서29
작물을 사랑한 곤충
논밭에서 만나는 해충·익충 이야기
ⓒ 한영식 2011

초판 1쇄 발행일 2011년 8월 5일

지 은 이 한영식
펴 낸 이 이정원

출판책임 박성규
편집책임 선우미정
디 자 인 정정은 · 김지연
편　　집 김상진 · 이상글 · 이은
마 케 팅 석철호 · 나다연 · 최강섭
경영지원 김은주 · 박혜정
제작 고강석
관리 구법모 · 엄철용

펴 낸 곳 도서출판 들녘
등록일자 1987년 12월 12일
등록번호 10-156
주　　소 경기도 파주시 교하읍 문발리 출판문화정보산업단지 513-9
전　　화 마케팅 031-955-7374　편집 031-955-7381
팩시밀리 031-955-7393
홈페이지 www.ddd21.co.kr

ISBN 978-89-7527-978-2(14520)
　　　978-89-7527-160-9(세트)

값은 뒤표지에 있습니다. 잘못된 책은 구입하신 곳에서 바꿔드립니다.

| 논밭에서 만나는 해충·익충 이야기 |

작물을 사랑한 곤충

글·사진 | 한영식

들녘

저자의 말

해충을 알면 농사가 보인다

유년 시절, 우리 집 안마당은 텃밭이었다. 고구마, 무, 배추, 상추, 깻잎, 호박, 가지, 토마토 등이 항상 자라고 있었다. 복숭아나무, 앵두나무, 포도나무, 대추나무에는 탐스런 과일이 주렁주렁 열렸다. 한 번은 고구마에 거름을 주다가 수로에서 발발대며 기어가던 곤충을 발견한 적이 있다. 물속에 빠진 땅강아지는 워낙 빠른 발놀림으로 끄떡없이 헤엄쳤다.

자연과 벗하며 신비로운 곤충에 관심을 갖게 된 지 어느덧 20여 년. 곤충의 색다른 매력에 이끌려 전국의 산야를 찾아다녔다. 곤충이 사는 곳은 모조리 찾다보니 작물에 모이는 곤충도 눈여겨 바라보게 되었다. 그런데, 사람들은 작물에 모이는 곤충을 다른 이름으로 불렀다. 곤충을 해충이라고 부르는 게 왠지 낯설기만 했다. 농부들은 농작물에 피해를 주는 모든 벌레를 해충이라고 불렀다.

해충은 흉측하고 징그럽고 못생긴 곤충을 모두 아우르는 이름이다. 하지만 어찌 보면 무관심으로 대하는 곤충보다 분명히 더 큰 관심을 받고 있는 것도 사실이다. 비록 냉소적인 표정으로 눈을 흘기며 바라보지만.

해충은 인간과 먹을거리가 같다는 이유로 양보할 수 없는 경쟁자가 되었다. 똑같은 걸 좋아하지만 쉽게 마음이 통하지 않는다. 오랜 세월 동안 해충은 농부들과 끝나지 않은 힘겨루기를 계속하고 있다.

농부들은 꾸물거리는 벌레를 발견하면 아무 망설임 없이 꾹 눌러 죽인다. 충해는 병해와 함께 작물 생산을 판가름하는 중요한 사안이다. 그러다보니 농사에 지치고 힘든 농부들은 손쉬운 방법을 찾게 되어 살충제를 마구 뿌려댔다. 그러나 적응력 강한 해충들은 쉽게 죽지 않고 살충제에 내성을 갖는 슈퍼 해충으로 재탄생했다. 잡초 제거가 불가능한 것처럼 해충 박멸도 쉽지 않다는 걸 잠시 망각한 모양이다.

해충 박멸은 매우 어려운 일이지만 해충의 숫자를 조절하는 건 가능하다. 급격하게 해충이 불어나지만 않아도 작물 피해를 최소화시킬 수 있다. 살충제 없이 해충을 조절하는 가장 좋은 방법은 천적이다. 작물 해충을 잡아먹는 천적이 많이 살 수 있도록 환경을 조성하는 게 시급하다. 새가 열매를 쪼아 먹는다고 모조리 죽이는 건 매우 어리석은 일이다. 벌레를 잘 잡아먹는 천적 동물을 죽이면 오히려 해충이 불어나서 더 큰 피해를 입게 된다.

새, 거미, 침노린재, 파리매 등의 육식성 천적이 많을 때 작물 해충들은 꼼짝하지 못 한다. 해충에 의한 작물 피해가 줄어들면 독한 살충제를 뿌릴 까닭도 없기 때문에 자연스럽게 친환경 유기농업을 실현할 수 있다. 자연농약을 사용하고 내성이 생기지 않도록 목초액을 사용하는 것도 좋은 방법이다. 작물 생태계도 자연 생태계처럼 먹고 먹히는 먹이사슬이 잘 유지될 때 안정을 찾을 수 있다. 작물과 해충이 평온하게 더불어 살아갈 때 보다 더 좋은 작물을 수확할 수 있는 건 당연하다.

이 책은 나비류, 노린재류, 딱정벌레류, 그 밖의 곤충류로 나누어 해충의 종류를 알려준다. 해충이 어떻게 작물을 가해하는지 생태적 특성을 통해 설명했으며, 심각한 해충 피해를 미연에 막으려면 어떻게 방제해야 되는지 대안도 제시했다. 다만, 해충의 종류가 워낙 많아서 모두 소개하지 못한 것이 못내 아쉽다. 수많은 곤충을 모두 알기에는 내가 가진 지식이 너무 부족하다. 하지만 개괄적으로 전반적인 해충 종류를 알리기 위해 최선을 다했다.

모쪼록 해충의 종류를 알고 구분하여 좋은 작물을 수확하는 기쁨을 누리길 바란다. 농사 이야기에 도움을 주신 안철환 선생님을 포함한 텃밭 가족들, 농부들의 버팀목이 되어주는 (사)전국귀농운동본부, 농부들에게 꼭 필요한 책을 만드는 도서출판 들녘 이정원 사장님께 깊이 감사드린다.

2011년 여름

한영식

차례

저자의 말_해충을 알면 농사가 보인다 • 4

01 나비류

밤을 좋아하는 농작물 밥도둑 _밤나방 • 14
농작물에도 밥도둑이 있다 | 먹성 좋은 대식가大食家 밤나방 | 유충 시기에 승부를 걸어라

나비보다 화려한 패셔니스트 _명나방 • 24
나방은 첨단 패션 아이디어 뱅크다 | 인간과 식성이 같아 괴로운 나방

나방과 인간, 함께 사는 법을 배우다

잎으로 만든 두루마리 김밥 _잎말이나방 • 34
다양한 집을 짓는 지구촌 생명들 | 달콤한 과실보다 잎이 더 좋아 | 맛 좋은 과실 지키기

컵라면 좋아하는 인스턴트 나방 _곡나방 • 44
컵라면 용기를 뚫는 무적의 해충 | 소형 나방과 식량 전쟁을 시작하다

식량을 지키려는 인간의 노력

배추밭의 악동 배추벌레 _배추흰나비 • 54

세계인이 놀란 우리의 김치 | 알고 보니 닮았어, 배추밭 악동과 흰나비!

천적으로 친환경 방제 하실래요?

02
노린재류

향기로 대화하는 방귀벌레 _톱다리개미허리노린재 • 66
방귀로 신호 시스템을 개발하다 | 빨대주둥이를 가진 노린재가 사는 법

노린재와 작물이 함께 사는 길

약탈자와의 식량전쟁 _허리노린재 • 76
잘록한 허리를 가진 모델 등장하다 | 상품 가치를 떨어뜨리는 해충

활동성 좋은 벼노린재, 이렇게 방제하라

상큼한 유혹에 매혹된 노린재 _과수 노린재 • 87
탐스런 과일에 주둥이를 꽂는 노린재 | 노린재, 농심을 닫고 인심도 닫다

탐스런 과일을 지키는 아이디어

작물을 지키는 자객 _침노린재 • 98
킬러의 본능으로 작물을 지키다 | 두 얼굴의 사냥꾼 | 천적 곤충과 해충의 공생은 가능할까?

멀리서 날아온 낯선 귀화해충 _꽃매미와 매미류 • 109
바다를 건너온 돌발해충 | 꽃매미는 울지 않는다 | 돌발해충을 막는 법

03 딱정벌레류

재주 많은 땅속 굼벵이 _풍뎅이 • 122
민속촌 지붕 걷어내는 날 | 땅속 굼벵이에게도 구르는 재주가 있다
꼭꼭 숨어라, 토양 속 숨바꼭질

구멍 뚫는 돼지벌레 _잎벌레 • 132
달콤한 열매보다 싱싱한 잎! | 잎딱정벌레는 작물의 잎을 더 좋아한다
잎만 갉아먹는 잎벌레 활용법

땡땡이 옷을 입은 됫박벌레 _무당벌레 • 142
이름도 다양한 무당벌레 | 두 얼굴의 무당벌레가 사는 법 | 무당벌레는 익충일까, 해충일까?

도토리파동의 주범 주둥이벌레 _거위벌레 • 152
반달가슴곰이 때 이른 겨울잠에 빠진 이유 | 도토리거위벌레는 지구온난화가 반갑다
거위벌레 물리치기 대작전

감자를 좋아하는 철사벌레 _방아벌레 • 161
뒤집기의 지존 철사벌레의 방아 찧기 | 청동방아벌레, 감자와 사랑에 빠지다
못생겨도 괜찮아, 건강에 좋으니까!

04 그 밖의 곤충류 & 절지동물

인삼밭의 진짜 심마니 _땅강아지 • 172
인삼을 좋아하는 곤충 심마니 | 땅강아지와 귀뚜라미는 인삼밭의 악동이다
알면 약이 되는 땅강아지 방제법

작물에 나타난 황충의 떼 _메뚜기 • 182
하늘을 뒤덮은 괴물메뚜기 습격 사건 | 농작물에 많은 섬서구메뚜기와 방아깨비

잎에 굴 파는 잎 광부 _잎굴파리 • 192
구더기, 어느 날 아침 유용 곤충이 되다 | 위생 해충과 작물 해충이 된 파리
천적 곤충에게 희망을!

숲을 병들게 만든 산림해충 _잎벌 • 202
산림 해충과 산불 | 잎벌은 잣나무를 좋아해! | 숲을 보전하기 위한 노력들

보이지 않는 미소해충 _응애류 • 213
곰, 마늘 먹고 여인이 되다 | 작물을 흡즙하는 미소해충 | 작은 것이 더 무서워!

찾아보기 • 224

밤을 좋아하는 농작물 밥도둑 _ 밤나방

나비보다 화려한 패셔니스트 _ 명나방

잎으로 만든 두루마리 김밥 _ 잎말이나방

컵라면 좋아하는 인스턴트 나방 _ 곡나방

배추밭의 악동 배추벌레 _ 배추흰나비

01
나비류

밤을 좋아하는 농작물 밥도둑
_밤나방

농작물에도 밥도둑이 있다

기름기를 쪽 뺀 담백한 돼지고기에 맛깔스런 김치를 얹은 보쌈! 생각만 해도 입 안에 절로 침이 고인다. 얇게 썬 무를 깔고 양념장을 얹은 갈치조림은 보는 것만으로도 군침이 슬슬 돈다. 그런데, 뭐니 뭐니 해도 밥도둑의 최고봉은 역시 간장게장이다. 밥을 쓱쓱 비벼먹고 나도 모르게 "밥 한 공기 더!"를 외치니 말이다. 입맛 없을 때 밥도둑을 만나면 밥 한 그릇 뚝딱이다.

아무도 모르게 사라진 밥을 보면 황당하다. 혹시 누가 내 밥을 훔쳐간 게 아닐까 주위를 두리번거리게 된다. 내 입속에 들어간 건 분명한데 여전히 의심이 풀리지 않는다. 그런데, 밥도둑보다 더 황당한 도둑이 농작물에 나타났다. 농부들은 귀신에 홀린 것처럼 정신을 못 차리며 어리둥절할 뿐이다. 저녁까지도 농작물에 아무런 이상이 없었는데 아침이 되어 도둑맞은 걸 알게 되는 순간 허탈해하며 망연자실한다.

분명히 아무런 이상이 없다는 걸 확인했기에 자신의 눈을 의심하지 않을 수 없다. 피해를 입은 농작물을 바라보며 그저 한숨짓는다. 농부들이 자식처럼 귀하게 키우고 있는 작물을 훔쳐간 도둑은 바로 도둑벌레다. 이름에서 알 수 있듯이 아무도 모르게 농작물을 갉아먹는 몹쓸 녀석이다. 밤에 몰래 찾아오는 밤손님 때문에 작물은 엉망진창이 되고 말았다.

밤에 활동하는 피부가 매끈한 밤나방 유충

구멍이 뚫린 작물을 바라보는 농부의 마음은 애가 탄다. 도대체 누구에게 당했는지 속 시원히 알기만 해도 좋으련만 그림자조차 찾아볼 수 없다. 억울함을 하소연할 데도 없다. 아침마다 농부들끼리 "밤새 안녕하십니까?" 하고 인사를 나누며 서로의 평안을 빌었던 이유를 이제 알 것 같다. 오늘밤만은 밤손님 도둑벌레가 나타나지 않기를 두 손 모아 소망하면서 서로를 위로한다.

도둑벌레는 나비목Lepidoptera 밤나방과Noctuidae에 속하는 도둑나방 애벌레를 말한다. 밤나방류는 나비류 중에서 종류와 숫자가 가장 많은 그룹이다. 무려 800여 종이나 된다. 우리나라 나비류 3200여 종의 25%에 해당한다. 우리나라의 여우 · 호랑이 · 다람쥐 같은 포유동물이 100여 종인 것과 비교하면 8배나 많은 셈이다.

해충하면 제일 먼저 나방을 떠올린다. 나방은 해충의 40%를 차지하며 작물·과수·수목 전반에 걸쳐서 피해를 발생시킨다. 그 중에서도 종류와 숫자가 가장 많은 밤나방은 가장 주목할 만한 해충이다. 도둑나방, 거세미나방, 담배나방, 담배거세미나방 등 악명이 자자한 농작물 해충이 즐비하다. 특히 밤나방은 개체수가 많은데다가 1년에 여러 차례 출현하기 때문에 피해는 더욱 더 크다.

농작물에 피해를 주는 나방은 빙빙 돌며 날아드는 성충이 아니다. 꾸물꾸물 농작물 사이를 기어 다니는 유충이 문제다. 그래서 직접적으로 농작물을 갉아먹는 유충을 눈여겨 볼 필요가 있다. 유충들은 어른이 되기 위해 먹보를 자처한다. 부지런히 먹어야 그토록 열망하는 어른이 될 수 있기에 쉬지 않고 먹어댄다. 어른이 되려는 본능은 꼬물꼬물 유충을 식신으로 만든다.

밤나방 유충은 인간이 기르는 작물을 잘 먹고 산다. 애써서 기르는 농작물의 잎, 줄기, 열매를 갉아먹는 것도 모자라 토양과 지상의 경계 부위까지 피해를 발생시킨다. 하물며 과수와 수목까지도 먹어치운다. 편식을 절대 하지 않는 밤나방 유충들은 아무거나 잘 먹고 살기 때문에 굶어죽을 염려가 없다. 작물뿐 아니라 들풀도 잘 먹고 살 정도로 기주식물이 매우 다양하다. 폭넓게 먹고 사는 광식성polyphagous 해충인 셈이다. 먹이 종류가 많기 때문에 생존력은 당연히 높아진다.

아무거나 잘 먹고 사는 밤나방 유충이 왜 작물로 몰려드는 걸까? 농작물을 기르는 곳은 애써서 먹이를 구하지 않아도 지천에 먹이가 깔려 있다. 손쉽게 먹이를 구할 수 있는 곳으로 몰려드는 건 당연하다. 결국 농작물이 자라는 밭은 밤나방의 가장 좋은 서식처가 된다. 더욱이 밤나방은 개체수가 많아서 한 번 발생하면 피해가 눈덩이처럼 불어난다. 대부분 1년에 여러 차례

다양한 모습의 밤나방 유충과 성충

| 1 | 2 |
| 3 | 4 |

흰눈까마귀밤나방, 회색쌍줄밤나방, 쌍복판수염나방, 애기얼룩나방

출현하며 한 번에 300~3000개의 알을 낳을 만큼 번식 능력도 좋다. 나방 성충은 알을 돌보지 않기 때문에 번식을 위해 알을 많이 낳는 길을 선택한 모양이다. 부화되어 탄생한 유충은 상당수가 적응하지 못 하고 죽는다. 하지만 워낙 숫자가 많아서 번식에는 전혀 문제가 없어 보인다. 환경 조건이 좋고 천적이 적다면 밤나방 유충의 부화율은 더욱 더 높아진다. 한꺼번에 부화된 유충은 동시에 활동을 시작한다. 배고픈 유충은 제일 먼저 먹이를 찾아 이동한다. 본능에 이끌려 가는 곳이 작물이라는 게 가장 큰 문제일 뿐이다.

먹성 좋은 대식가大食家 밤나방

밤나방 유충은 엄청난 대식가다. 경제적인 피해가 크게 발생하는 것도 많이 먹기 때문이다. 도둑벌레와 인간이 똑같은 먹이를 두고 경쟁이 붙었다. 인간에게 불리하게 작용하기 때문에 도둑벌레는 몹쓸 해충이 되고 말았다. 하지만 똑같은 먹이를 두고 다툼하는 모습은 자연계에서 흔한 경쟁일 뿐이다. 어둠이 내려앉자 도둑벌레는 슬슬 활동할 준비를 한다. 야행성 곤충이어서 낮에는 마른 잎 사이에 숨어 지내다가 밤이 찾아오면 활동을 개시한다.

갓 태어난 어린 도둑벌레는 잎 뒷면의 잎살만 갉아먹는다. 그러나 점점 성장하면서 잎맥과 줄기까지도 마구 먹어댄다. 때로는 결구 채소 속으로 들어가 식해(食害)하여 피해를 일으킨다. 3령 유충까지는 무리지어서 가해하며 4령 유충 이후가 되면 여러 곳으로 흩어져서 갉아먹는다. 다 자란 노숙 유충은 땅속으로 들어가 번데기가 된 후 도둑나방이 된다.

털 달린 나방 애벌레와 매끈한 밤나방 애벌레

도둑벌레는 보통 나방 애벌레라 불리는 털 많은 송충이와 다른 모습이다. 몸이 털로 덮여 있지 않고 매끈하다. 가슴다리 3쌍과 배다리 4쌍으로 꼬물거리며 농작물 사이를 바쁘게 오간다. 배추·무·양배추·상추에도 피해를 입혀 양배추군인벌레라 불리기도 한다. 하지만 오이, 고추, 토마토, 완두, 감자, 파, 양파, 딸기, 시금치, 쑥갓, 샐러리, 근대, 머위, 아욱, 당근, 우엉, 가지 등 약 100여 종의 농작물을 갉아먹고 산다. 도둑벌레는 역시 훔치지 못하는 작물이 없는 '최고의 작물도둑'이다.

먹고 살아가는 기주식물이 다양한 밤나방은 아무거나 먹고 살 수 있다. 또한 다양한 먹이를 먹고 살기 때문에 여러 작물에 피해를 입힌다. 그래서 밤나방 중에는 유명한 해충이 많다. 파의 해충 파밤나방, 고추와 담배 해충 왕담배나방과 담배나방, 오이와 콩의 해충인 오이금무늬밤나방과 콩금무늬밤나방이 있다. 검거세미나방, 거세미나방, 숯검은밤나방 등도 농작물을 호시탐탐 노리는 먹보들이다.

파밤나방은 이름처럼 파의 최고 해충이다. 1926년 황해도 사리원에서 국내 최초로 기록되었다. 처음엔 사탕무를 갉아먹어 사탕무도둑나방이라 불렸다. 그 후 별다른 피해를 일으키지 않았지만 1986년 이후 남부 지방의 밭작물을 중심으로 다시 발생량이 급증했다. 줄기만 남고 모조리 먹어치울 만큼 식성이 좋다. 피해가 커서 경작이 힘들 정도다. 파 잎 속까지 들어가 피해를 일으키기도 한다.

파를 재배하는 밭

도둑벌레처럼 광식성 해충인 파밤나방은 기주식물이 다양하다. 파, 양파, 고추, 오이 등의 채소와 콩, 팥, 녹두, 완두, 감자, 들깨, 옥수수, 고구마 등의 식량작물도 먹는다. 국화, 카네이션, 접시꽃, 맨드라미 등의 화훼도 먹고 쇠비름, 명아주 등의 잡초도 먹는다. 1년에 4~5회 출현하며 한 번에 700~1300개의 알을 낳을 정도로 번식력이 뛰어나다. 6~11월까지 연중 피해를 발생시키기 때문에 경제적 피해가 심각한 해충이다.

광식성 해충으로 담배거세미나방을 빼놓을 수 없다. 채소류, 화훼류, 특용작물, 과수, 사료작물, 정원수, 잡초, 가로수 등 40과 100여 종 이상을 갉아먹고 산다. 특히 배추, 고추, 파, 양파, 가지, 토란, 딸기, 미나리, 들깨에 피해가 크다. 2령 유충까지는 잎 뒷면에서 무리지어 잎살을 갉아먹고 3령 유충 이후에는 흩어져서 가해한다. 1년에 5세대를 거치며 1800여 개의 알 무더기를 낳을 만큼 번식력도 출중하다.

거세미나방류에 속하는 거세미나방, 숯검은밤나방, 검거세미나방도 중요한 해충이다. 검거세미나방은 밀, 옥수수, 양파, 파, 배추, 양배추, 무, 강낭콩, 완두, 목화, 당근, 들깨, 고추, 토마토, 담배, 가지, 감자, 오이, 우엉 등에 피해를 준다. 거세미나방은 수수, 밀, 옥수수, 양파, 파, 배추, 양배추, 무, 목화, 당근, 고추, 토마토, 담배, 가지, 감자, 오이, 우엉 등의 해충이다. 숯검은밤나방도 수수, 옥수수, 배추, 무, 목화, 고추, 담배, 감자, 오이를 먹고 산다. 인간이 먹고 사는 중요한 작물은 모조리 갉아먹는 셈이다.

여러 작물에 두루 피해를 주는 담배거세미나방 애벌레

왕담배나방은 콩, 밀, 옥수수, 땅콩, 들깨, 고추, 토마토, 담배, 가지, 감자, 참깨, 오이, 호박, 해바라기, 목화, 피망에 피해를 준다. 담배나방은 고추, 담배, 들깨, 피망, 토마토 등의 잎, 과일, 꽃봉오리를 갉아먹는다. 고추에 발생한 담배나방은 피해를 일으킨 부위에 2차 질병을 유발해 낙과의 원인이 되기도 한다. 1년에 3회 발생하고 120~400개의 알을 낳을 정도로 번식력이 좋아 문제가 크다. 다 자랄 때까지 4~11개의 고추를 먹으며 1년에 2~3회 발생하여 피해가 지속된다.

유충 시기에 승부를 걸어라

기주식물이 다양한 밤나방은 생존 능력이 매우 뛰어난 해충이다. 일단 먹이 부족을 걱정할 이유가 없다는 것만으로도 살아남을 확률이 매우 높다고 하겠다. 더욱이 1년에 여러 차례 발생하며 많은 알을 낳기 때문에 번식에도 문제가 없다. 그러다보니 농부들은 생존력과 번식력 강한 밤나방 때문에 골치를 앓게 된다. 뛰어난 적응력을 갖고 있는 밤나방 피해를 막으려면 다양한 방법을 총동원해야 된다.

특히 아무도 모르게 밤에 나와서 활동하는 도둑벌레 방제는 녹록치 않다. 식물체 속으로 파고 들어갈 뿐 아니라 살충제 내성도 강해서 방제가 더더욱 힘들어진다. 가장 좋은 방제법은 어린 유충 시기에 빨리 발견하여 살충제를 뿌리는 것이다.

도둑벌레는 어린 유충 시기에는 살충제에 예민하지만 자랄수록 내성이 높아진다. 나이에 따라 살충제 감수성이 달라지기 때문에 초기에 예찰하여 방제하는 게 효과적이다. 더욱이 어린 유충은 잎 뒷면에 뭉쳐 있기 때문에 2~3령 이후 흩어지기 전에 잎 뒷면을 중심으로 약제를 살포하면 효과가 좋다.

파밤나방은 세계적으로 약제 저항성이 매우 강한 해충으로 유명하다. 내성이 강해서 방제가 어렵지만 다행히 1~2령 유충 시기에는 약제 감수성이 높다. 그래서 가급적 어린 유충 시기에 방제하는 것이 효과적이다. 3령 유충부터는 약제 내성이 증가되면 줄기 속으로 파고들어가기 때문에 약제에 잘 노출되지 않는다. 발생량이 많으면 7~10일 간격으로 2~3회 반복·살포하는 게 좋다.

담배거세미나방 유충도 반드시 어린유충 시기에 약제를 살포해야 된다. 그러나 약제 방제를 하면 저항성 개체 출현도 빨라져서 또 다른 어려움이 생긴다. 특히, 하우스 안의 시설채소에서 연중으로 대량 번식하면 더욱 주의가 필요하다. 왕담배나방 유충은 과실 속에 침입하기 때문에 방제가 힘들다. 그래서 난기에 부화 억제 약제를 살포하는 게 좋다. 하지만 정확한 산란 시기를 예측할 수 없기 때문에 7월 하순경부터 주기적으로 약제를 살포하는 게 좋다.

담배나방은 1970년~1980년대 초반에 피해가 매우 심했다. 그러나 최근에는 온상에서 재배한 담배 모종을 심는 시기가 과거보다 빨라져서 피해가 덜하다. 월동을 마친 담배나방이 알을 낳는 6월이 되면 이미 담배 모종이 많이 자라서 산란하기 좋은 시기가 지나버린다. 다만 작황이 좋지 못하면 피해가 발생한다. 담배에 발생한 피해는 7~8월 고추까지 이어질 가능성이 크다.

고추 과실 속에 파고들어 종자부터 과육까지 모조리 먹으면 구멍이 뚫리고 병균이 침입하여 썩게 된다. 그런데, 고추는 생식용으로 이용되기 때문에 살포한 농약이 인체에 영향을 줄 수 있어 문제다. 또한 한 번만 수확하는 게 아니라서 수확 전 사용 가능시간을 철저히 지켜야 한다. 담배나방 유충이 다 자랄 때까지 4~11개 정도의 고추를 먹기 때문에 생각보다 피해가 크다.

최대의 해충인 밤나방을 쉽게 방제하려면 약제를 뿌리면 된다. 그러나 소비자들은 약제 방제한 농산물을 결코 좋아하지 않는다. 더욱이 약제 살포는 농부들의 건강에도 좋지 않다. 그래서 최근에는 생물학적 방제법을 많이 연구하고 있다. 고치벌, 맵시벌, 좀벌 등의 기생봉과 말벌류의 포식천적, 세균, 곰팡이, 선충 등을 이용한 방제법을 연구하고 있다. 곤충생장조절제, 섭식저해제, 천연물질을 이용한 화학적 방제법도 연구 중이다. 유아등誘蛾燈 light trap. 주광성走光性의 해충을 등불을 이용하여 구제驅除하는 장치이나 페로몬 트랩을 통해 방제하는 방법도 연구하고 있지만 아직 효과가 미비하다.

도둑벌레, 파밤나방, 담배거세미나방, 거세미나방, 왕담배나방, 담배나방 등의 다양한 밤나방 유충은 인간과 식성이 똑같아서 해충이라 불리며 손가락질 받는다. 그러나 다양한 나방 유충들은 수많은 동물들의 먹이가 된다. 꼬물꼬물 애벌레가 있기에 아침이면 새들도 지저귈 수 있다. 앞으로 다양한 친환경적인 방제법을 통해 해충도 살고 좋은 농작물을 수확하는 길이 열리길 기대해본다.

나비보다 화려한 패셔니스트
_명나방

나방은 첨단 패션 아이디어 뱅크다

드라마 〈시크릿가든〉에서 최고의 인기를 누렸던 현빈은 호피무늬 셔츠와 호피무늬 트레이닝복으로 더 큰 관심을 끌었다. 호피무늬는 고급스러우면서도 도발적인 매력을 갖고 있는 까도남^{까칠한 도시 남자}을 완성한 패션이 되었다. 럭셔리하면서도 섹시함까지 잘 표현하기 때문에 자칫 부담스러울 수도 있지만 의외로 멋지고 세련미가 흘러넘친다.

경인년 호랑이해에는 연예인, 걸 그룹뿐 아니라 많은 사람들이 호피무늬를 좋아했다. 카디건, 레깅스, 스카프, 재킷, 속옷, 티셔츠, 원피스, 가방, 모자, 신발에 이르기까지 각종 패션과 소품까지도 인기를 누렸다. 다만, 걸어 다니는 표범처럼 보이지 않도록 주의하면 된다. 실제로 호피무늬 수영복은 명암 대비가 강렬하기 때문에 상어의 주의를 산만하게 한다. 그렇게 되면 상어의 공격을 받을 수 있기 때문에 해변 가에서는 절대 금물이다.

호피무늬 인기가 높아지자 남성들까지도 즐겨 입는 추세다. 패션계에 불어 닥친 호피무늬 패션처럼 생물들의 문양과 모양은 실생활에 많이 활용된다. 가장 많이 활용되는 생물이 바로 지구촌에서 다양성이 가장 풍부한 곤충이다. 패션, 액세서리, 캐릭터에 알록달록 가지각색의 모습을 하고 있는 곤충이 적극 활용된다.

그럼 곤충 중에서도 가장 다양한 무늬를 갖고 있는 건 누굴까? 징그럽고 혐오스러운 생물이라 생각하는 나방이다. 보통 예쁜 곤충하면 나비를 먼저 떠올리고 징그럽다면 나방을 생각하게 마련이다. 그러나 이것은 나방을 제대로 알지 못해서 하는 말이다. 편견을 버리고 관심 있게 바라보면 잘못된 편견들이 눈 녹듯 사라진

다. 나비보다 빛깔이 더 예쁘고 문양이 다양한 나방은 얼마든지 있으니까.

우리나라의 나비류 3200여 종 중 나방은 3000여 종을 차지한다. 나비보

화려한 무늬를 자랑하는 명나방들. 말굽무늬들명나방과 끝무늬들명나방

다 종류가 많기 때문에 빛깔과 무늬가 다양한 건 당연하다. 예쁜 나방을 처음 본 사람들은 "어쩜 저렇게 나비가 예쁠 수가!" 하며 감탄한다. 나방을 나비로 착각할 정도로 아름다운 나방이 매우 많다. 광고에 등장하는 예쁜 나비가 알고 보면 나방인 경우도 많다. 자연의 아름다움을 고스란히 담고 있는 화려한 배색의 나방은 나비의 아름다움을 초월한다. 나비보다 나방이 훨씬 더 다양하니까.

나방은 특히 날개의 문양이 아주 다채롭다. 디자이너들의 마음을 사로잡을 만큼 알록달록 무늬가 다양한 나방을 바라보며 디자이너들은 자신만의 패션을 꿈꾼다. 패션에 아이디어를 제공하는 일등공신이 된다. 그러나 눈앞에 나타난 나방을 바라보는 시선은 곱지 않다. 꼬물꼬물 애벌레를 본 사람들은 징그럽다며 싫어하고, 작물을 갉아먹는 애벌레를 본 농부들은 치를 떤다.

누에는 뽕잎을 먹고 자라서 고치를 만들고, 고치에서 뽑은 명주실로 비단을 만든다

나방이 처음으로 주목받은 것은 '농작물 해충'이라는 이름으로였다. 우리나라에서 곤충을 최초로 기록한 책인 삼국사기 에도 최고의 해충 멸강충이 등장한다. 멸강충은 멸강나방의 유충으로 멸구, 풀무치와 함께 인간에게 피해를 주는 최고의 해충으로

서 악명이 자자했다. 물론 그 당시에 누에나방 번데기에서 뽑은 명주실이 의복 혁명을 주도하며 사람들에게 도움을 주긴 했지만 작물을 갉아먹는 나방 해충이라는 그늘에 가려 힘을 잃고 말았다. 그래서 지금까지도 나방 하면 으레 해충이라는 편견이 사람들의 의식을 지배하고 있는 것이다.

특히 부스스 떨어지는 나방 비늘가루는 사람들을 극도로 긴장시킨다. 해충이라는 의식 속에 사로잡힌 부모들은 자식에게 나방 날개의 비늘가루가 눈에 들어가면 장님이 된다며 아이들을 꾸짖는다. 부모의 말 한마디에 아이들은 나방이 혐오스런 해충이라는 선입견을 갖게 된다. 신비로운 생명을 호기심 어린 눈빛으로 바라보던 아이들의 마음도 굳게 닫힌다. 좋은 점은 온데간데없이 사라지고 해로운 생물이라는 이름으로 낙인찍히는 순간이다.

나방은 이렇게 해서 좋지 못한 해충의 대명사가 되었다. 아름다움의 상징은 모두 나비에게 물려주었다. 그러고는 내면의 아름다움을 숨기고 어둠 속에서 늘 숨어 지낸다. 해충이 된 나방은 사람들의 관심 밖으로 밀려나고 말았다. 다양한 분야에 활용되는 고마운 나방이 있는데도 바퀴벌레, 모기 다음으로 가장 혐오하는 곤충이 어쩌면 나방 아닐까?

인간과 식성이 같아 괴로운 나방

나비와 나방은 모두 나비목Lepidiptera에 속하는 곤충이다. 나비목은 그리스어 인편lepidos=scale과 날개pteros=wing가 합쳐진 말이다. 인편이 있는 날개가 온몸을 덮고 있다는 의미다. 나비류는 전 세계적으로 20만 종이 알려져 있고, 동물계 전체의 10%에 해당하는 매우 다양한 생물이다. 여러 나방 중에서도 무늬가 가장 다양하고 빛깔이 고운 나방이 명나방이다.

명나방은 나비목 명나방과 Pyralidae에 속하는 소형 또는 중형 나방이다. 우리나라에는 약 300여 종이 살고 있다. 날개 무늬와 색채가 아름다워서 나비가 아닌가 착각하기 일쑤다. 몸집이 크고 어두운 빛깔의 밤나방과는 완전히 다른 모습이다. 아름다운 것만 따지자면 나방이라기보다 오히려 나비에 가깝다. 빛깔과 문양이 다양해서 디자인 관련 직종의 사람들이 아이디어를 얻기 위해 더욱 주목하는 생물이다.

화려한 모습을 뒤로하고 농작물 해충으로 유명한 명나방도 있다. 비늘가루를 풀풀 날리는 몸집이 크고 혐오스럽게 생긴 나방은 아니지만 정성껏 기르는 작물을 넘보기는 마찬가지다. 흑명나방, 이화명나방, 애명나방 등의 명나방은 벼를 주식으로 삼는다. 우리의 주식인 벼를 먹고 산다는 단 한 가지 이유만으로 명나방은 농부들에게 질타의 대상이 된다. 인간과 식성이 같다는 이유로 퇴치 대상 1순위가 되어 모든 사람들의 눈총을 받고 있는 것이다.

화려하고 무늬가 예쁜 명나방(끝무늬들명나방)과 어두운 빛깔의 칙칙한 밤나방(쌍복판눈수염나방)

요즘은 외국에서 밀을 많이 수입한다. 그래서 빵이나 인스턴트 음식을 예전보다 많이 먹고 산다. 덕분에 쌀 소비량도 줄었다. 하지만 아직도 한국 사람은 밥 없이는 못 산다. 그러니 소중한 벼를 괴롭히는 명나방이 농부들의 가장 큰 적수일밖에! 고려사에 보면 유월에 명충螟蟲이 생겼다는 말이 나온다. 명충이란 벼나 조의 줄기 속을 파먹는다는 뜻이다. 명나방 유충을 명충이라 부르는 건 멸강나방 유충을 멸강충이라 부르는 것과 같다.

혹명나방과 이화명나방은 벼과 작물을 가해하는 대표적인 해충이다. 혹명나방은 벼·밀·보리 등의 화본과禾本科의 잎을 먹고 산다. 남부 해안지방을 포함한 우리나라 전역에 피해가 발생한다. 무엇보다 해외에서 날아오는 비래해충이기 때문에 해마다 발생과 피해에 차이가 크다. 혹명나방은 애벌레 시기에 벼 잎을 1개씩 원통형으로 길게 말고 그 속을 가해한다. 겉보기엔 벼잎말이명나방과 비슷한 형태지만 말린 잎의 위아래를 막지 않는 게 차이점이다.

혹명나방 유충은 손을 대면 유충이 재빠르게 땅으로 떨어지는 습성이 있다. 처음엔 무리지어 갉아먹지만 차차 넓게 흩어진다. 피해를 입은 잎은 표피만 남고 백색으로 변한다. 대규모로 발생하면 논 전체가 녹색을 잃고 출수기出穗期(화본과 식물에서 이삭이 나오는 시기)와 등숙기登熟期(곡식이 여무는 시기)에 지장을 받는다. 질소 시비량이 많고 늦게 이앙한 논에서 더욱 많이 발생한다. 중국, 일본, 동남아시아, 인도, 하와이, 호주 등에 널리 분포한다.

이화명나방은 벼 외에 피, 갈대, 줄풀도 가해한다. 유충은 가벼워서 바람에 날려 잘 흩어진다. 줄기 속으로 들어가면 엽초가 갈색으로 변하고 심엽이 시들어버린다. 부드러운 조직을 가해하면 하얗게 말라서 백수현상이 나타난다. 중국, 일본, 필리핀, 인도 등에 분포한다. 1년에 2세대 발생하기 때문에 피해가 끊이지 않고 계속된다.

벼에 피해를 입히는 명나방도 있지만 종류마다 먹이는 각기 다르다. 조명나방은 옥수수, 인삼, 율무에 피해를 주고 목화바둑명나방은 목화, 아욱, 뽕나무 등의 잎 뒷면을 갉아먹는다. 머위명나방은 가지와 머위를 갉아먹고, 흰띠명나방은 시금치에 피해를 준다. 애물결들명나방은 땅두릅, 세줄콩들명나방은 콩과 강낭콩, 콩줄기명나방은 두류와 머위, 각시들명나방은 참외, 솔얼룩나방은 잣나무에 피해를 준다.

명나방은 아니지만 벼에 피해를 일으키는 유명한 나방이 있다. 조밤나방이라 불리는 멸강나방이다. 유충인 멸강충은 잎을 갉아먹는 돌발해충으로 벼, 보리 같은 벼과작물을 먹고 산다. 강토를 멸망시켰다는 의미의 이름이 붙을 만큼 번식력이 뛰어나고 폭식한다. 멸강충이 한 번 지나가면 풀이 누렇게 변할 정도다. 다만 약제에 내성이 약해서 쉽게 퇴치할 수 있다는 것이 그저 다행스러울 뿐이다.

나비 중에도 벼에 피해를 주는 종류가 있다. 나방처럼 뚱뚱한 몸과 갈고리 모양으로 휘어진 더듬이를 갖고 있는 팔랑나비다. 나비목 팔랑나빗과에 속하며 나방과 나비의 특징을 골고

무늬와 빛깔이 매우 다양한 명나방은 여러 가지 작물에 피해를 입힌다. 노랑눈비단명나방, 목화바둑명나방, 흰날개집명나방

루 갖추고 있다. 유충은 여러 개의 벼 잎을 겹친 후 견사를 통해 엮어 집을 만든다. 직접 만든 집 속에서 살다가 밤에 밖으로 나와서 잎살을 갉아먹는다.

여러 개의 잎을 엮으면 이삭이 안으로 밀고 올라오기 힘들어져서 출수에 지장이 생긴다. 벼과 작물에서 유충으로 월동하며 1년에 3회 발생한다. 어른이 되면 팔랑거리며 지그재그로 꽃을 찾아 날아다닌다. 정신 없이 날아다닌다고 해서 북한에서는 희롱나비라 부른다.

벼멸구, 애멸구, 끝동매미충, 노린재 등도 벼과 작물에 피해를 주는 해충들이다. 국내에 벼를 가해하는 해충은 약 140여 종이나 된다. 수많은 해충들이 우리가 먹는 주곡작물 벼를 좋아한다. 인간이 벼를 먹고 사는 한 똑같은 식성을 갖고 있는 해충들과의 싸움은 계속될 수밖에 없다.

벼에 피해를 주는 줄점팔랑나비 성충과 유충

나방과 인간, 함께 사는 법을 배우다

인간의 주곡작물인 벼를 지키기 위한 해충과의 싸움은 계속되고 있다. 우리는 해충을 퇴치하기 위해 대부분 약제 방제를 하는 데 총력을 기울였다. 그러나 최근 친환경 농산물에 대한 요구가 급격히 높아지면서 농사 방식도 친환경 쪽으로 바뀌고 있다. 마구잡이로 농약을 치지 않고 천연살충제 같은 녹색농업기술을 활용하여 친환경 재배 면적을 확장하고 있는 실정이다.

멀구슬나무, 은행나무, 두충나무, 목련나무 등이 천연살충제로 연구되는데, 특히 살충 성분의 활성이 더 높은 효과적인 천연살충제를 개발하기 위해 힘쓰고 있다. 두충나무와 목련나무의 잎과 열매에서는 벼에 피해를 입히는 나방류 해충에 대한 살충활성이 발견되었다. 특히 멀구슬나무의 잎, 은행나무의 열매·잎·가지 등에서는 멸구류에 대해 80%의 살충활성이 있다고 조사되었다. 천연살충제를 사용하면 보다 더 질 좋은 쌀을 수확할 수 있다.

살충성 미생물과 식물 그리고 살충성 기능 물질을 탐색하는 연구도 활발히 진행 중이다. 그러나 아직 약효 및 약해에 대한 연구가 더 필요한 상태다. 실험실에서는 효능이 뛰어났지만 현장에서는 효과가 제대로 발휘되지 못하는 경우가 많아서 현장 적응에 대한 지속적인 연구가 필요하기 때문이다. 내독소단백질을 갖고 있는 곤충병원성 미생물 Bt$^{Bacillus\ thuringiensis}$균을 이용한 방제도 연구 중이다. 혹명나방 같은 나방류 방제 약제로 활용이 가능하기 때문에 주목받고 있다. 친환경 방제법은 농가의 고충을 덜어주고 좋은 수확물을 얻는 최선의 방법이다.

명나방은 인간과 똑같은 걸 좋아한다는 이유로 온갖 멸시를 당했다. 벼를 갉아먹는 일부 명나방 때문에 모든 명나방이 불명예를 쓰고 살아간다. 아름다운 빛깔과 무늬에도 불구하고 해충이라는 편견에 묻혀버린 것이다. 그러나 나방 역시 숲의 다른 모든 생물처럼 하나의 생명이다. 더욱이 조류, 양서류, 포식성 곤충의 중요한 먹이가 되기 때문에 매우 중요하다.

입을 크게 벌리고 짹짹 대며 먹이를 받아먹는 솜털 보송보송한 새끼 새가 어른이 되려면 애벌레가 꼭 필요하다. 하찮은 존재로 취급받지만 숲의 새들에겐 애벌레만큼 소중한 먹이도 없다. 지저귀는 새소리가 들리지 않는 숲은 이미 수많은 나방들이 떠난 곳이다. 농작물을 먹어 손가락질 받는 해충도 생태계에서는 매우 귀중한 생명이라는 사실을 잊으면 안 된다.

 나방의 아름다움과 소중함을 인식하기도 전에 이미 환경오염과 개발로 나방의 숫자가 많이 줄어들었다. 숲은 다양한 생명의 원천이며 수많은 생물들의 삶의 터전이다. 인간이 자연을 떠나 살 수 없듯이 지구상의 모든 생물은 자연을 떠나 살 수 없다. 그러나 인간은 빽빽한 빌딩 사이로 숨이 턱턱 막히는 도시와 공장만 만들며 생명이 없는 쓸쓸한 땅을 양산하고 있다. 숲을 지킬 때 비로소 인간도 오랫동안 명맥을 이어갈 수 있다는 사실을 모르는 걸까?

 조선시대와 일제강점기를 지나는 동안 호랑이, 표범, 늑대가 거의 멸종되었다. 무분별한 포획 때문이다. 해롭다고 맹수를 죽인 결과 멧돼지와 고라니가 득실거리며 농작물을 먹어치우는 피해를 주고 있지 않은가? 왜곡된 오해는 늘 진실을 가리게 마련이다. 하지만 그로 인해 발생된 피해는 결국 우리에게 되돌아온다. 하늘 아래 존재 가치가 없는 생명이 과연 있을까? 이젠 나방에 대한 편견을 버리고 우리의 생각을 바꾸어야 할 때다.

잎으로 만든 두루마리 김밥
_ 잎말이나방

다 양 한 집 을 짓 는 지 구 촌 생 명 들

산타클로스의 나라 핀란드 사람들은 습기 조절에 편리한 통나무집에서 생활한다. 고비사막과 초원지대가 펼쳐진 건조기후 몽고에서는 대부분 유목생활에 익숙한 이동형 텐트 '게르'에서 산다. 강수량이 많은 열대기후 밀림지역 말레이시아는 수상가옥을 짓는다. 증발량이 많은 건조기후의 아프리카는 낮과 밤의 기온차가 크고 모래바람을 이겨낼 수 있는 토벽집에서 생활한다. 사방이 눈과 얼음으로 덮인 알래스카에서는 얼음집 이글루가 에스키모의 보편적인 주택이다.

우리나라와 같은 온대기후 사람들은 주로 볏짚을 이용한 초가집을 짓고 살았다. 그러다가 점차 내구성이 좋은 기와집을 지었고, 현재는 현대화된 주택이나 빌딩에서 산다. 동굴이나 움집에서 살던 인간이 점차 기후환경에 알맞은 독특한 형태의 집을 발전시키며 살아가고 있다. 집은 편안하고 안락한 휴식 공간이자 생활의 기반이다. 집이라는 소중한 안식처 없이는 정상적인 생활을 영위하기 힘들다.

지구촌 사람들이 다양한 집을 짓고 사는 것처럼 생물도 각자 독특한 형태의 집을 만들어 생활한다. 곰은 동굴에서 겨울잠을 자고, 두더지와 뱀은 땅속에 집을 짓는다. 새들은 새끼를 낳아 기르기 위해 둥지를 만든다. 꿀벌·말벌, 개미·흰개미는 거대한 집을 짓고 서로 협력하며 함께 살아간다. 사회성이 높은 곤충들에게 집은 생존과 번식이 이루어지는 중요한 삶의 터전이다. 그들은 집이 없다는 걸 꿈에도 상상하지 못한다.

사회성 곤충인 흰개미와 일본왕개미의 집

물속에서 살아가는 날도래 유충은 모래와 낙엽을 이용해서 단단한 집을 만든다. 사마귀는 앞으로 태어날 새끼들이 추운 겨울 동안 얼어 죽지 않도록 보온성 높고 단단한 난괴^{알집}를 만든다. 따뜻하고 안전한 난괴에서 겨울을 지낸 사마귀 알은 봄에 부화된다. 날도래 집과 사마귀 난괴는 연약한 시절 자신을 보호해주는 훌륭한 수단이다.

 잎을 둘둘 말아 집을 만드는 재주를 갖는 곤충도 있다. 여치는 말아 놓은 잎 속에 숨어서 몸을 보호한다. 도롱이벌레는 잎 부스러기를 붙여서 집을 만들어 생활한다. 재단사 거위벌레는 나뭇잎을 잘라서 돌돌 말아 새끼를 위해 안전한 요람을 만들고, 그 속에 알을 낳는다. 생물들 역시 우리 인간처럼 자신에게 가장 적합한 기능과 형태를 가진 집을 짓고 살아간다.

곤충들이 지은 다양한 형태의 집들

1 2
3 4

날도래 집, 사마귀 난괴, 거위벌레 요람, 잎말이나방 집

 잎말이나방 유충도 거위벌레처럼 잎을 둘둘 마는 능력을 갖고 있다. 거위벌레의 요람과는 모습이 조금 다르지만 잎을 말아서 집을 만드는 건 같다. 거위벌레는 성충이 잎을 말아 집을 만들지만 잎말이나방은 유충이 잎을 말아 집을 만든다. 잎말이나방은 나비목 잎말이나방과에 속하는 소형 나방으

로 150여 종이나 된다.

잎말이나방leaf roller moth의 유충은 잎 끝 부분을 돌돌 마는 습성이 있다. 식물의 잎을 말고 가해하는 습성이 있어서 엽권충葉捲蟲이라고 불린다. 김밥을 둘둘 말아놓은 것처럼 잎을 말고 견사를 뿜어 나뭇잎을 실로 엮는다. 둘둘 말아서 만든 나뭇잎 속을 갉아먹으며 생활하기 때문에 권엽성捲葉性 해충이라 불린다.

나뭇잎을 둘둘 말면 다양한 수목에 피해를 일으킨다. 과수, 작물, 산림까지 가해하기 때문에 경제적인 측면에서 매우 중요하게 다루는 해충이다. 잎을 둘둘 마는 건 잎말이나방 유충뿐이다. 성충이 되면 잎을 전혀 갉아먹을 수 없는 작은 나방이 된다. 잎말이나방 성충은 종모양을 닮아서 종나방bell moth이라 불린다.

사과무늬잎말이나방, 사과애모무늬잎말이나방, 검모무늬잎말이나방, 사과잎말이나방, 복숭아순나방 등의 잎말이나방들은 과수에 해를 끼치는 요주의 해충들이다. 사과나무잎말이나방은 수목 조직의 틈에서 유충으로 월동한다. 꽃봉오리가 피기 시작하면 잠복했던 장소에서 나와서 활동한다. 사과나무 눈이 발아하면 불도저처럼 눈을 파먹고 들어간다. 꽃을 뚫고 들어가서 가해하고 새로 나온 잎을 세로로 말고 갉아먹는

종모양을 닮은 잎말이나방 성충과 잎을 마는 특성을 갖고 있는 유충

다. 왕성한 식욕을 자랑하느라 과실 표면까지 갉아먹는 바람에 상품성을 떨어뜨리는 경우가 비일비재하다.

사과애모무늬잎말이나방의 유충은 거친 껍질 밑이나 분지 부위에 엉성한 고치를 짓고 월동한다. 사과무늬잎말이나방처럼 월동 후 발아하는 눈이나 꽃을 갉아먹어 피해를 일으킨다. 사과무늬잎말이나방은 연간 3~4회, 사과애모무늬잎말이나방은 1년에 2~3회 발생하기 때문에 피해가 지속된다는 게 가장 큰 문제다.

잎을 둘둘 마는 과수 해충 잎말이나방들. 네줄애기잎말이나방과 왕사과잎말이나방

달콤한 과실보다 잎이 더 좋아 후식으로 가장 사랑받는 상큼한 과일은 사과다. 새콤달콤한 사과도 잎말이나방 피해를 피하진 못 한다. 햇볕을 받고 쑥쑥 자라야 하는 잎이 둘둘 말려버리면 힘을 잃고 생육이 저하된다. 당연히 좋은 열매를 기대할 수 없다. 잎말이나방은 종류에 따라서 사과, 복숭아, 배, 포도 등 다양한 과수에 피해를 일으키는 과수해충이다.

감나무에는 사과무늬잎말이나방, 사과잎말이나방, 애모무늬잎말이나방, 차잎말이나방 등이 발생한다. 애모무늬잎말이나방 유충은 꽃봉오리, 잎, 과실을 가해하고 잎을 세로로 말고 그 속에서 생활한다. 유충은 놀라면 후퇴운동을 하거나 도망간다. 잎말이나방류에 속하는 복숭아순나방은 기주식물이 매우 다양하다. 사과나무, 배나무, 복숭아나무, 자두나무, 살구나무 등에 모두 피해를 준다. 신초新梢(햇가지)를 파고 들어가서 가해하고 꽃받침 부분에 침입하여 과심부를 갉아먹고 괴경부근을 파고들어가 과육을 식해한다.

과수에 피해를 일으키는 건 잎말이나방뿐이 아니다. 광부처럼 잎에 굴을 파서 피해를 주는 굴나방류도 이에 버금가는 과수해충이다. 사과잎 광부Apple leaf miner라 불리는 사과굴나방의 유충은 잎에 굴을 파서 피해를 준다. 잎 표면 근처의 엽육까지 갉아먹기 때문에 타원형 망사 천 같은 식흔이 발생한다. 심하면 잎 뒤쪽이 오그라들고 여러 마리가 가해하면 잎이 변형되어 떨어진다.

복숭아굴나방은 뱀이 다닌 것처럼 구불구불한 모습의 터널을 만들어 가해한다. 원형으로 가해 받은 부위는 갈변하여 떨어지고 구멍이 난다. 건물의 벽이나 나무껍질 틈에서 성충 상태로 월동하고 4월 중순부터 활동한다. 1년에 5~7회 발생하기 때문에 문제가 지속된다. 굴나방도 잎을 파고 들어가 곡선의 꼬불꼬불한 갱도를 만든다. 갉아먹은 식흔을 통해 병균이 감염된다. 피해가 심하면 잎이 떨어진다. 표피를 갉아먹으면 신초의 생장이 둔화된다. 은무늬굴나방 유충도 새로 나온 어린잎을 가해하고 노숙유충이 되면 거미줄 모양의 하얀

잎에 굴을 뚫는 습성 때문에 피해를 입은 모습

고치를 짓는다.

잎말이나방과 굴나방 외에도 다양한 나방들이 과수에 피해를 일으킨다. 복숭아명나방 유충은 사과, 복숭아, 밤, 자두, 살구 등의 과실뿐 아니라 우엉, 옥수수, 양파, 등나무, 목화, 침엽수 등 17과 44종의 식물을 가해할 정도로 기주 범위가 매우 넓다. 잎과 가지와 함께 과실을 묶기 때문에 낙과되지는 않지만 상품성이 떨어진다.

복숭아유리나방 유충은 수간부 조피 밑을 가해하여 껍질과 목질부 사이 (형성층)를 갉아먹는다. 가해 부위는 적갈색의 굵은 배설물과 함께 수액이 흘러나와 쉽게 눈에 뜨인다. 포도유리나방 유충은 신초나 잎자루 속에 들어가서 생육을 정지시킨다. 가지 부위로 이동하여 목질부에 굴을 뚫고 다니며 갉아먹는다. 가해를 받으면 시들시들 말라죽게 되며 어린나무에 피해가 발생하면 매우 치명적이다.

복숭아심식나방은 사과, 복숭아, 배, 살구, 자두 등의 과실에 직접 피해를 준다. 사과나 배 속으로 들어간 유충은 과피 가까운 곳부터 먹기 시작해서 점차 과심부까지 갉아먹는다. 그렇게 되면 기형 과실이 형성되어 상품 가치가 떨어진다. 유충이 뚫고 들어간 과실에는 바늘로 찌른 것 같은 구멍이 생겨난다.

과수해충인 복숭아유리나방 성충

잎말이나방, 굴나방, 복숭아유리나방, 복숭아심식나방 등은 맛있는 과수를 좋아한다. 잎, 과실에 피해를 일으키게 되면 좋은 열매를 기대하기 어렵다. 과수를 좋아하는 나방 때문에 과수 농사는 쉽지 않다. 그런데, 나방보다 더 큰 문제를 일으키는 원인은 따로 있다. 바로 기후변화다. 기후변화로 지구온난화가 지속되면서 고랭지 과수인 사과나무는 30년 이후가 되면 재배되지 못할 거라고 추측한다. 부분적으로 피해를 주는 잎말이나방과 달리 기후변화는 사과나무가 아예 자라지 못하도록 하는 가장 무서운 위협요인이다.

맛 좋은 과실 지키기

잎을 둘둘 말아 피해를 일으키는 잎말이나방을 방제하려면 무엇보다 유충의 밀도를 유심히 관찰해야 한다. 보통의 나방 유충이 그렇듯이 어린 유충 시기에 약제 감수성이 높다. 알에서 부화되는 시기가 방제 적기다. 월동한 유충이 꽃눈으로 이동하면 곧 약제를 살포해야 효과가 있다. 발생 밀도를 낮추려면 신초의 신장을 억제시켜야 된다. 사과애모무늬잎말이나방과 복숭아순나방은 피해 신초를 초기에 잘라버리면 방제에 도움이 된다.

과실에 산란을 하는 6월 이후에는 2~3회 약제를 살포해야 한다. 9~10월까지도 사과, 배의 과실을 가해하는 나방이 많기 때문에 긴장을 늦추지 말고 수시로 대책을 세워야 한다. 배명나방은 부화한 유충이 과실을 갉아먹기 때문에 침입 전 방제기 중요하다. 어린시기의 방제가 효과적이기 때문에 꾸준한 예찰이 필요하다.

굴을 뚫는 사과굴나방은 4~5월경에 웃자란 가지에 집중적으로 발생한다. 약제를 살포하는 게 보편적인 방법이다. 지난 가을 피해가 많았던 낙엽을 모아 소각하는 것도 효과가 좋다. 은무늬굴나방은 나무의 껍질틈새, 가지사이, 낙엽 밑 등에서 월동한다. 약제를 살포해서 방제하지만 신초 신장을 억제하는 것도 좋은 방제법이다. 복숭아굴나방은 부화억제 약제를 살포하여 2세대 성충 발생을 줄이는 게 우선이다. 최대로 발생하는 시기를 전후해서 약제를 살포하는 게 가장 좋다.

복숭아유리나방은 껍질 바로 밑에 있어서 방제가 쉽다. 그러나 성장할수록 껍질 밑으로 깊숙이 들어가기 때문에 방제가 힘들어진다. 포도유리나방은 부화유충이 신초 속으로 파고들면 방제가 곤란하다. 우화 최성기에 약제를 살포해서 사전에 산란을 차단하는 게 제일 중요하다. 복숭아심식나방 유충은 과일 표면을 기어 다니다가 속으로 파고든다. 부화하여 과실에 침입하기 전 10일 간격으로 2~3회 약제를 살포하면 효과가 있다.

과수에 피해를 주는 나방들은 모두 줄기 속으로 들어가기 전에 방제하는 게 최선이다. 토양에 숨는 도둑벌레처럼 줄기 속에 침입하면 보이지 않아서 방제가 매우 어려워지기 때문이다. 사전에 미리 예찰하여 방제해야 된다.

달콤한 과수를 좋아하는 잎말이나방은 과수의 생육에 큰 지장을 준다. 굴나방, 유리나방, 심식나방 등도 신초를 파고들면 과수가 잘 자라지 못 한다. 결국 생육에 지장을 받은 과수는 열매도 제대로 맺지 못 한다. 그러나 잎말이나방 입장에서 보면 자신의 집을 만들기 위해 최선을 다한 것뿐이다. 자연의 생태계라는 커다란 울타리 안에서 보면 잎말이나방이나 인간이나 안락한 생활을 위해

잎말이나방에게 피해를 입은 모습이다

집을 만들었을 따름이니까.

    잎말이나방 유충에게 집은 어른이 되기 위한 안락한 보금자리다. 어른이 되기 위해 최선을 다하는 모습은 아름답다. 비록 사람들이 좋아하는 과수의 잎을 둘둘 말아버린 탓에 해충이 되고 말았지만. 만약 인간과 상관없는 나뭇잎을 말았다면 재단사 거위벌레처럼 신비로운 곤충이 되었을지도 모르는데……. 이 세상의 모든 생물에겐 살아남아 번성하려는 본능이 있다. 그러니 자신이 갖고 있는 유일한 기술을 이용해서 최선을 다해 살아갈 수밖에.

컵라면 좋아하는 인스턴트 나방
_곡나방

컵라면 용기를 뚫는 무적의 해충

기다란 더듬이와 불룩 솟은 굽은 등으로 화제의 대상이 되었던 곤충은 무엇일까? 바로 꼽등이다. 꼽등이는 괴담과 노래까지 유행시켰을 만큼 많은 사람들의 이목을 끌었다. 몸속에서 연가시까지 나오는 바람에 사람들은 등골이 오싹해졌다. 그러나 연가시는 꼽등이 몸속에 사는 기생충일 뿐 우리에겐 전혀 해롭지 않다. 꼽등이가 세간의 화제가 될 정도로 많이 발생한 까닭은 뭘까? 바로 비가 많이 내리고 무더운 날씨가 이어졌기 때문이다.

꼽등이는 기온과 습도가 높은 날씨를 선호한다. 후텁지근한 날씨는 꼽등이 번식에 최적의 조건인 셈이다. 좋은 환경 조건이 주어지자 꼽등이는 급격히 늘어났다. 그로 인해 평상시보다 사람들의 눈에 더 잘 뜨이게 되었다. 기후변화로 인한 지구온난화가 심각해지고 집중호우로 높은 습도가 유지되면 대부분의 곤충들은 번식에 큰 도움을 받는다.

고온다습한 여름 날씨는 해충 발생을 부추긴다. 꼽등이처럼 해충들이 대거 발생하는 일도 잦아진다. 해충의 번식력이 좋아지면 작물을 기르는 농부들의 괴로움은 증폭된다. 뿐만 아니다. 식품업체에도 비상이 걸린다. 저장식품에 피해를 주는 해충이 급증하면 식품업체들이 궁지에 몰리게 마련이다.

여름철 폭우로 습도가 높아지자 대발생한 꼽등이

컵라면과 과자 속에서 화랑곡나방 유충이 버젓이 등장한 적이 있다. 이들은 물 만난 고기처럼 닥치는 대로 먹어댄다. 화랑곡나방 유충에게 마트와 슈퍼는 '꿈에도 그리던' 세상이다. 생존과 번식을 위한 최적의 서식처가 되어주니까. 그들은 종이, 얇은 판지, 비닐뿐만 아니라 단단한 알루미늄 호일까지도 뚫을 수 있어서 저장 곡물의 최대 해충이라 하기에 전혀 손색이 없다. 화랑곡나방 유충은 식성도 까다롭지 않다. 쌀, 밀, 밀가루, 콩류, 건조야채, 건과류, 두류, 초콜릿, 시리얼, 콘밀 등도 가리지 않고 잘 먹어댄다. 언제든지 곡물류, 건과류, 제과류 등을 노략질할 준비가 되어 있다. 특히 인간이 잘 먹는 탄수화물과 단백질 함량이 높은 저장 곡물을 매우 좋아한다. 그러다보니 화랑곡나방 유충에게 인간은 최고 경쟁자가 되어버렸다.

인간이 좋아하는 것을 탐내는 화랑곡나방 유충은 눈총을 받는다. 그러나 전혀 거리낌 없이 좋아하는 식품으로 몰려든다. 식품에서 꼬물꼬물 기어가는 화랑곡나방 유충을 발견한 소비자들은 기겁하며 비명을 질러댄다. 위생상의 문제가 발생한 식품은 소비자들에게 외면당한다. 유충의 배설물과 호흡에 의해 열이 발생하면 수분이 생겨 식품이 부패하거나 변질된다. 식품의 영양에 문제가 발생하면 질병으로도 이어질 위험이 크다.

화랑곡나방도 밤나방이나 명나방처럼 유충 시기에 피해를 발생시킨다.

곡식에 발생하는 화랑곡나방 성충

쌀, 현미 등의 저장 곡물을 주식으로 삼는다. 곡류를 갉아먹고 입에서 실을 토해서 쌀이나 곡식알을 얽어맨다. 다 자란 애벌레는 실크를 분비하여 식물을 꿰매어 한 데 붙여 놓는다. 그렇게 되면 눅눅해져서 곡류가 변질되어 못 쓰게 된다. 노숙유충은 두께가 얇은 고치를 만들어 번데기가 된 후 은회색의 소형 나방이 된다.

화랑곡나방 성충은 유충처럼 곡물을 갉아먹지 않기 때문에 직접적인 피해를 발생시키지 않는다. 그러나 1년에 100~400개의 알을 3~4회 낳아서 화랑곡나방 유충을 생산한다. 그래서 성충도 잘 예찰하여 대비해야 된다. 보통 유충 상태로 겨울을 지내지만 발생이 불규칙하기 때문에 계절에 상관없이 유충, 번데기, 성충을 볼 수 있다.

화랑곡나방은 저장 곡물 해충으로 유명한 쌀바구미보다 적응력이 더 뛰어나다. 쌀바구미보다 건조한 곡물과 식품에서도 자랄 수 있고 다양한 먹이를 먹고 살 수 있다. 부화한 유충은 현미나 쌀의 연한 배아를 갉아먹는다. 작물인 콩이나 고추 내부로 먹어 들어가서 구멍을 내기도 한다. 특히 생존력과 번식력이 뛰어나서 다른 해충보다 쉽게 방제하기 힘들다.

화랑곡나방 때문에 곤혹을 치르는 대표적인 곳은 식품업체와 창고관리업체다. 식품의약품안정청에서도 온도와 습도 관리를 통해 여름철 해충이 생기지 않도록 주의를 기울이라고 말한다. 그러나 저장식품의 해충을 모조리 없애는 건 불가능하다. 해충의 종류와 개체수가 워낙 많기 때문에 인간이 모두 제어한다는 건 사실상 불가능하다. 저장식품의 해충을 모두 죽이는 건 같은 것을 먹고 사는 인간도 함께 죽는다는 걸 의미한다.

소형 나방과 식량 전쟁을 시작하다

요즘은 저장식품 관리가 잘 되기 때문에 집 안에 창고를 따로 둘 필요가 없다. 그러나 옛날에는 곡물을 저장하는 곡간이 꼭 있었다. 수확한 곡물을 모두 저장하는 곡간을 보면 부의 정도를 가늠할 수 있었다. 온 식구의 생사가 달린 곡간은 매우 신중한 관리 대상이었다. 자칫 잘못해서 양식을 도둑맞거나 해충에게 당하면 큰일이니까.

그래서 예전엔 시어머니와 며느리 사이에서 곡간 열쇠를 두고 예민한 신경전이 벌어지곤 했다. 아무에게나 곡간 열쇠를 내주지 않은 것만 봐도 곡간이 조상들에게 얼마나 중요했는지 알 수 있다. 그런데 수많은 곡물이 저장된 곡간을 허락 없이 제 맘대로 들락날락 하는 녀석이 있다. 바로 저장 곡물 해충이다. 곡물해충이 호시탐탐 곡간의 곡물을 노리는 터, 해충이 먼저 선점하느냐, 인간이 지켜내느냐? 힘겨루기가 한창이다.

요즘은 저장식품을 잘 보관하는 창고에서 곡물 해충이 기승을 부린다. 저장식품이 소비자를 기다리는 동안 해충들은 빈틈을 노린다. 식품 사이로 기어들어가 곡물을 갉아먹는다. 저장 곡물에 피해를 주는 해충에는 명나방과에 속하는 소형나방이 많다. 보리나방, 차색알락명나방, 줄알락명나방, 밀가루줄명나방 등은 모두 명나방과에 속하는 곡물 해충이다.

보리나방은 밀·옥수수 같은 저장 곡물뿐 아니라 작물까지도 갉아먹는다. 유충은 곡물 속으로 파고들어가서 고치를 만든다. 성충이 되어 나올 때 탈충공이 만들어지면 곡물은 빈껍데기만 남게 된다. 결국 6mm의 소형 애벌레를 막지 못해 힘들게 수확한 곡물을 버리게 되는 것이다. 차색알락명나방은 담배, 종자, 건야채, 시리얼 등을 먹고 산다. 줄알락명나방은 쌀·보리, 콩, 곡분, 마른 과실 등에 해를 입힌다. 곡물의 배아를 먼저 먹고, 외피를 갉아먹는 모습은 화랑곡나방과 비슷하다.

밀가루줄명나방은 쌀 현미 잡곡, 과자류, 녹말 등을 잘 먹어서 과자명나방이라 불린다. 저장 곡물, 과자, 마른 과일까지도 가해하는 해충이다. 곡식좀나방은 쌀 보리 등을 실로 얽어매어 피해를 준다. 나방류 외에도 쌀바구미, 쌀도둑, 톱가슴머리대장 등의 다양한 소형 해충들도 저장 곡물을 매우 좋아한다.

쌀에 피해를 주는 곡물 해충 쌀바구미

저장 곡물 해충은 고온다습한 기후를 좋아한다. 그러나 습도가 낮다고 해충이 무조건 살지 못 하는 건 아니다. 적응력 강한 해충들은 살아남는다. 다만, 기온과 습도가 높으면 활동이 왕성해져서 번식이 순조롭다. 저장 곡물을 발견한 해충들은 저장물 표면이나 근처에 쉽게 알을 낳는다. 그리고 배설물은 곰팡이와 세균의 번식을 돕는다. 그렇다면 어떻게 저장 곡물을 보관해야 안전할까? 우선 저장 곡물 해충이 싫어하는 환경을 만들어야 한다. 저온에서는 발생이 억제되기 때문에 바닥에서 50cm 정도 떨어진 서늘하고 건조한 장소에 곡물을 보관하는 게 우선이다.

오랫동안 보관하려면 포장이 훼손되는 걸 막아야 한다. 물론 화랑곡나방 유충은 포장까지 뚫고 들어가서 갉아먹으므로 포장 관리가 가장 기본이다. 그래서 식품의 맛을 그대로 유지하면서 곡물 해충을 막을 수 있는 포장지 개발이 시급하다. 식품을 선택할 때는 유통기한을 잘 보고 골라야 한다. 되도록 최근 날짜의 것을 구입하고 포장이 훼손되지 않았는지 꼼꼼히 살핀다. 유리나 금속 용기 혹은 플라스틱 뚜껑이 달린 용기에 넣어둔 식품은 조금 더 안심할 수 있다. 해충이 한 번 발생된 식품업체는 큰 타격을 받는다. 그러나 저장식품 해충 발생은 식품업체와 제과업체에서 아무리 노력해도 근절시킬 묘안이 없다. 그 많은 해충들을 모조리 막아내는 건 불가능하기 때문이다.

곡물을 저장하는 데엔 문제점이 많다. 그러나 곡물을 저장하지 않을 수 없는 일이다. 대부분의 곡물은 일정기간에 모두 수확되기 때문에 다음 수확 때까지 잘 보관해야만 한다. 특히 요즘은 한 번에 대량 생산하는 저장식품들이 많다. 하지만 이들 저장식품은 소비자가 선택해서 먹을 때까지 이상 없이 보관되어야 하기 때문에 특별히 방책을 강구해야 한다.

저장식품에 문제가 계속되면서 식품의약품안전청(식약청)에서는 이물질 등의 위해 요소를 미연에 방지하는 기준을 마련했다. HACCP(해썹, Hazard Analysis Critical Control Point)이라는 위해요소 중점관리기준을 통해 식품을 소비자에게 안전하게 전달하고자 하는 시스템이다. 해썹HACCP은 식품의 원재료, 제조, 가공, 보존, 유통, 조리단계를 거쳐 최종 소비자가 섭취하기 전까지 발생할 우려가 있는 위해 요소들을 모두 규명하고 중점적으로 관리하여 안정성을 확보하는 위생관리체제다.

현재 미국, 유럽, WHO 등의 국제기구에서는 모든 식품에 해썹을 적용할 것을 권장하고 있다. 그만큼 효율적인 식품관리체제로 인정받고 있다. 그러나 해썹 인증제품에서도 이물질 발견 사례가 종종 나오고 있다. 뛰는 식품업체 위에도 날아다니는 해충은 항상 있는 법! 아무리 노력하고 관리해도 인간의 한계는 어쩔 수 없나보다.

곡물은 옛날 보릿고개를 넘기며 춘궁기를 이겨내던 힘이었다. 배고픈 그 시절에는 곡간에 쌓아둔 곡물만 봐도 배가 불렀다. 그러나 귀중한 양식을 갉아먹는 해충 때문에 식품의 안전은 한계에 부딪쳤다. 곡물의 품질이 저하되고 병균이 발생했다. 사람들은 쌀바구미를 쌀벌레, 나방을 날벌레라 부르며 인상을 찌푸

해썹표시가 있는 제품

린다. 지금도 저장식품을 사이에 둔 인간과 해충의 싸움은 여전히 진행 중이다. 끝까지 품질을 지키기 위해 사람들은 오늘도 동분서주 하고 있다.

식량을 지키려는 인간의 노력

식량자원은 재배 중이나 저장 중에 종종 해충 피해가 발생한다. 작물을 성공적으로 재배하는 것만큼 생산된 곡물을 잘 관리하는 것도 중요하다. 보통 해충 피해는 재배할 때보다 저장 중에 발생하는 피해가 훨씬 더 크다. 그러나 아직도 저장 곡물 방제에 대한 인식이 낮은 실정이다. 보다 더 효율적인 감염원 차단 방책을 연구하는 게 급선무다.

곡물 관리는 경제적 피해 수준 이하로 조절하는 데에 중점을 두어야 한다. 그러나 해충은 정서적인 거부감을 조장하기 때문에 십중팔구 조절보다 박멸이 목표가 된다. 그러나 현실적으로 해충을 모두 박멸하는 건 불가능하다. 더욱이 생산된 곡물은 가공과 유통까지 연결되어 있기 때문에 온 힘을 다해야만 겨우 관리가 된다.

저장식품 해충 방제법은 역시 약제 방제가 최고다. PCP제, malathion, 훈연제로 스포킬라, DDVP, 훈연제 등을 이용한다. 그러나 농약 잔류량이 문제다. 곡물과 가공식품에 살충제를 사용하면 식품의 안전성이 위협받기 때문이다. 최근에는 훈증제 같은 합성농약 사용에 대한 규제가 강화되면서 방제가 더욱 힘들어지고 있다.

창고 훈증에 많이 의존하지만 적응력 강한 해충들은 훈증제에 저항성이 생겨 방제 효율이 떨어진다. 더욱이 약제 방제는 효과도 불확실하고 경비 부담도 많아서 경제적으로도 손실이 많다. 무엇보다 소비자들이 약제 방제를 기피하기 때문에 한계가 있다. 그래서 보다 더 안전한 생물학적 방제법을 모색하고 있다.

생물학적 방제법으로는 바이러스, 곰팡이, 원생동물, 리켓치아와 같은 병원 미생물과 기생선충, 기생곤충, 포식곤충 같은 천적을 이용하는 방법이 있다. 미국에서는 천적 곤충으로 꽃노린재류를 연구했다. 미국농무부 농업기술연구소에서는 해충을 잡아먹는 꽃노린재가 저장 곡물 해충 방제에 유용하다고 말한다.

미국 곡물창고에 사는 꽃노린재 L. campestris 는 화랑곡나방, 명나방류, 거짓쌀도둑거저리, 머리대장가는납작벌레, 수시렁이 등을 잡아먹는 포식성 천적이다. 꽃노린재는 먹이와 물이 없어도 20일까지 생존할 수 있다. 부화율이 높고 해충 섭식율이 좋아서 효과적으로 방제할 수 있다. 무엇보다 해충만 먹고 살 뿐 곡물의 낟알을 가해하지 않기 때문에 곡물에는 전혀 피해가 없다.

경제적으로 큰 손실을 발생시키는 관건해충의 밀도를 억제하려면 효율적인 천적을 선정하는 게 중요하다. 천적을 사육하기 위해 최적 환경을 조성하고 해충밀도 억제능력을 검토하며 천적의 최적 방사 시기도 예측해야 된다. 방사 및 모니터링을 통해 생물적 방제효율을 조사하고 방제 최적모형도 만들어야 한다. 해충과 천적의 상호작용인 포식자-피식자 시스템 연구에 기여하여 작물의 생물학적 방제에 대한 기반도 확립해야 된다.

생물적 방제법은 환경친화적이며 반영구적이라는 장점이 있다. 그러나 해충 개체군 전부를 박멸할 수 없다는 약점도 있다. 저장 곡물로 유입되는 해충을 효과적으로 차단하지만 효과를 기대하기 힘들고 경제성도 부족하다. 저장 곡물 피해 상황 조사도 불충분하며 방제연구도 미진하다. 시행착오적, 경험적 방법에만 의존하기 때문에 과다한 방제비용이 들어가고 효과도 매우 적은 편이다. 그래서 저온저장, 방사선 처리 등의 물리적 방제를 겸해서 진행하고 있다.

해충으로 인한 불량제품 클레임 건수가 증가하면서 식품산업에 걸림돌이 되고 있다. 하지만 해충들을 무조건 없애려고 힘겨운 싸움을 벌이기보다 지혜롭게 대처하는 방법을 생각할 때이다. 효과적으로 해충을 조절할 때 상품 가치를 계속 유지할 수 있을 테니까. 우리가 안심하고 자는 사이에도 해충들은 저장 곡물을 호시탐탐 노리고 있다.

배추밭의 악동 배추벌레
_배추흰나비

세계인이 놀란 우리의 김치

전 세계인이 입맛을 다시게 만든 김치. 김치는 우리나라 음식의 대표 아이콘이다. 2001년 7월 5일 식품 분야의 국제표준인 국제식품규격위원회^{Codex}에서 일본 기무치를 물리치고 국제식품 규격으로 승인받았다. 최근에는 일본, 미국, 대만, 홍콩을 비롯해 54개국으로 수출되고 있을 정도다. 세계인의 입맛을 사로잡은 김치는 한국 문화를 대표하는 상징이다.

김치는 본래 오이를 이용한 채소절임을 뜻하는 '저菹'라는 말에서 시작되었다. 조선 중종 때 벽온방에 "딤채국을 집안 사람이 다 먹어라."는 말이 나온다. '저'를 우리말로 딤채라 했는데 딤채가 구개음화하여 '김채'가 되고 나

중에 '김치'가 되었다. 김치에 들어가는 가장 중요한 양념으로 고추를 가장 먼저 꼽는다. 그런데, 17세기 전에는 고추를 사용하지 않았다.

당시에는 추어탕에 넣는 매운 향신료인 초피가루를 사용했다. 하지만 초피가루는 가공이 번거로웠다. 그래서 임진왜란 후 일본을 통해 들어온 고추가 김치에 사용되었다. 김치하면 배추김치를 가장 먼저 떠올린다. 배추의 학명 'Brassica'은 켈트 어인 '양배추bresic'에서 유래되었다는 설과 그리스 어의 '삶는다brasso' 또는 '요리한다braxein'는 말에서 유래되었다는 설이 있다.

배추는 널리 식재료로 사용되는 채소다. 그러나 우리나라에 배추가 들어온 것은 19세기 말에서 20세기 초 무렵이다. 결국 배추김치의 역사는 불과 100년 정도밖에 안 된다는 뜻이다. 대중성에 비하면 의외로 짧은 역사다. 우리 조상들은 추운 겨울을 보내기 위해 김장을 했다. 김치는 겨우내 편안하게 생활하기 위해 만든 특유의 가공식품이다. 겨울이 갈 때까지 싱싱하게 먹을 수 있도록 만든 훌륭한 저장 식품이 바로 김치다.

식탁에 빠지지 않고 매번 오르는 김치는 고추, 마늘, 파, 생강, 젓갈 등의 양념으로 배추를 버무린 다음 잘 숙성시키면 완성된다. 발효가 진행되면서 각종 비타민과 무기질이 풍부한 훌륭한 식품으로 바뀐다. 맛깔스런 김치를 만들려면 배추가 좋아야 한다. 아무리 양념을 잘 해도 배추가 좋아야 김치 맛이 좋다. 그런데, 한국인처럼 배추라면 사족을 못 쓰는 녀석이 또 있다. 배춧잎 사이를 꼬

배춧잎과 색깔이 비슷한 배추벌레

물거리며 기어 다니는 배추벌레다. 배추밭에 얼마나 많았으면 이름이 배추벌레가 되었을까?

배추밭 해충 중에 가장 유명한 배추벌레는 유난히 배추 빛깔을 닮았다. 몸빛깔이 연한 초록색 빛깔을 띠고 있어서 청벌레라 불린다. 배춧잎을 닮은 보호색을 갖고 있어서 천적의 눈을 피할 수 있다. 몸 표면에는 잔털이 빽빽이 나 있다. 갓 부화된 배추벌레는 알껍데기를 먹어치운 뒤 배추로 이동한다. 배추, 무, 양배추와 같은 십자화과 작물을 먹이식물로 삼기 때문에 양배추나비 Cabbage butterfly라 불린다.

배추벌레는 더 이상 자랄 수 없으면 허물을 벗고 더 큰 옷으로 갈아입는다. 다 자라서 노숙유충이 되면 3cm까지 자란다. 몸집이 커지면서 배추벌레는 잎줄기만 남기고 폭식한다. 하지만 번데기가 될 때쯤이면 먹는 것을 중단하고 적당한 장소를 찾는다. 좋은 장소를 발견하면 잎 뒷면이나 주변에 실을 뽑아서 자신의 몸을 묶은 뒤 번데기가 된다. 곧 번데기 등 쪽 부분이 갈라지면서 접혀진 날개가 나오면 마침내 배추흰나비가 탄생한다.

배추 사이를 훨훨 날아다니는 흰나비

훨훨 날아다니는 배추흰나비는 짝짓기를 한 후 배춧잎 위에 지름 2mm정도의 노르스름한 알을 낳는다. 일주일 정도가 지나면 배추벌레가 알껍데기를 뚫고 나온다. 겨울이 되면 식물체, 민가의 담 벽, 처마 등에 붙어서 월동한다. 그런데 어떤 사람들은 배추흰나비와 배추벌레를 다른 생물로 생각한다. 꼬물

꼬물 배추벌레와 하얀 배추흰나비 사이에서 어떠한 연관성도 찾아볼 수 없기 때문인 듯하다.

배추벌레의 폭식은 옛날부터 매우 유명했다. 고대 로마 시대의 농부들도 막아내기 힘든 해충이라고 하면서 고개를 가로저었을 정도다. 그래서 양배추 밭 한가운데 막대기를 세우고 햇빛에 색이 바라서 희끗해진 말 머리뼈를 올려놓고 기도했다. 농부 사이에서는 암말 뼈가 더 효과가 좋다고 알려지기도 했으니 배추벌레의 피해가 어느 정도였는지 짐작이 가는 일화다. 그런데, 말도 안 되는 속설을 19세기의 농부들도 믿었다. 알껍데기를 매달아 놓고 피해가 사라지기를 기원했다. 시대를 막론하고 풍성한 수확을 기다리는 농부의 심정은 한결같은가 보다.

알고 보니 닮았어, 배추밭 악동과 흰나비!

배추밭의 악동 배추벌레는 작물 사이를 꼬물꼬물 기어 다니며 성장하면 배추흰나비가 된다. 도둑벌레는 도둑나방이 되고, 자벌레는 자나방이 되며, 도롱이벌레가 주머니나방이 되는 것처럼. 배추흰나비는 나비목 흰나빗과에 속하는 곤충이다. 흰나빗과의 나비들은 모습이 서로 비슷하다. 그래서 배추벌레를 정확히 알려면 배추흰나비부터 올바로 구분해야 된다.

배추흰나비처럼 쉽게 볼 수 있는 흰나비로는 대만흰나비, 큰줄흰나비, 노랑나비, 갈구리나비 등이 있다. 특히 대만흰나비는 배추흰나비와 모습이 가장 많이 닮아서 혼동되지만 날개에 있는 문양이 달라서 구분된다. 배추벌레가 배추, 무, 양배추를 식초로 삼는다면 대만흰나비 유충은 십자화과의 나도냉이를 먹이식물로 삼는다. 모습이 비슷해도 다른 종이라면 먹이식물도 다

다양한 모습의
나비류 애벌레

| 1 | 2 |
| 3 | 4 |

네발나비유충,
자벌레, 도롱이
벌레, 점박이불
나방유충

르게 마련이다. 그래서 먹이식물인 식초를 살펴보면서 어떤 종류인지 추정할 수 있다.

배추흰나비는 메밀, 무, 엉겅퀴 등의 꽃에서 꿀을 빤다. 대만흰나비도 개망초, 엉겅퀴 등의 꽃을 찾아다니며 흡밀한다. 비슷한 지역에서 꿀을 빨지만 대만흰나비는 경작지보다 경작지와 산림의 경계 부근에 더 많이 산다. 배추흰나비가 작물 가까이에 사는 것과 다르다. 하지만 서식지 주변에서 함께 날아다니기 때문에 쉽게 구별하기 힘들다.

낮은 산지나 도시지역 인근에서는 큰줄흰나비를 쉽게 볼 수 있다. 큰줄흰나비는 분포범위가 매우 넓어서 우리나라 흰나비 중 가장 쉽게 볼 수 있는 나비다. 물을 먹기 위해서 습지에도 모이고 물이 고인 땅에도 자주 내려앉는다. 미나리냉이, 속속이풀, 냉이를 식초로 삼지만 배추벌레처럼 배추와 무를 먹기도 한다. 날개에 얼룩덜룩한 가로 무늬가 많고 날개 아랫면에 큰 줄무늬가 선명한 점이 배추흰나비와 다르다.

마을이나 풀밭에는 노랑나비가 많이 날아다닌다. 노랑나비는 이름처럼 노란 빛깔을 띠고 있어서 배추흰나비와 다를 거라 생각한다. 그러나 암컷 노랑나비 중에는 흰색 형이 있다. 유전적으로는 흰색이 우성이지만 수컷 노랑나비는 황색 암컷 노랑나비에게 더 끌린다. 빛깔이 비슷한 흰색 노랑나비는 배추흰나비와 매우 닮았다. 그러나 무늬가 다르고 매우 빠르게 날아다니는 모습이 배추흰나비와 구별된다. 개망초, 토끼풀, 엉겅퀴, 민들레 등의 꽃을 흡밀하고 유충은 자운영, 돌콩, 고삼, 아카시나무, 토끼풀 같은 콩과 식물을 식초로 삼는다.

배추밭 주변에서는 다양한 나비가 함께 살아간다. 그러나 유독 배추흰나비만 문제를 일으키지 다른 나비들은 별로 해롭지 않다. 배추벌레는 인간이 좋아하는 배추에 꼭 붙어서 산다. 연간 4~5회 출연하기 때문에 피해도 지속된다. 다행스러운 건 최근 배

배추흰나비와 닮은 대만흰나비와 큰줄흰나비, 노랑나비 흰색형

추흰나비 숫자가 줄어들어 보기 힘들어진다는 점이다. 그러나 배추흰나비가 준다고 다른 해충까지 줄어들지는 않는다. 배추흰나비 숫자가 줄어드는 건 환경에 문제가 생겼다는 증거다. 대신 앞으로 또 다른 어떤 해충이 등장할지 아무도 모르는 일이다.

배추벌레처럼 배추를 좋아하는 벌레가 또 있다. 나비목 집나방과에 속하는 배추좀나방은 필리핀, 태국 등의 열대지방부터 캐나다 북부의 고위도 지방까지 광범위하게 분포하는 세계적인 해충이다. 배추, 무, 양배추 등의 십자화과 작물을 갉아먹어 피해를 준다. 건드리면 툭 하고 떨어지는 습성이 있어서 낙하산벌레로 더 유명하다.

배추좀나방 유충은 작물 뒷면에서 표피를 파고 들어가며 가해한다. 배추, 무, 양배추, 유채 등의 십자화과 채소뿐 아니라 잡초까지도 잘 먹고 산다. 알에서 부화된 애벌레는 잎살 속으로 굴을 파고 들어가 표피만 남기고 갉아먹는다. 성장하면서 잎 뒷면의 엽육(잎살)을 갉아먹으면 표피가 군데군데 허옇게 된다. 심하면 잎맥만 남기고 잎 전체를 갉아먹어 구멍이 뚫린다. 특히 어린 배추에 많이 발생하며 전체 잎을 갉아먹기 때문에 배추의 생육이 저하된다.

배추와 양배추의 결구 속에 들어가서 가해하기도 한다. 배설물이 묻으면 상품 가치가 떨어지고, 심하면 고사된다. 배추벌레가 오래전부터 문제가 되었다면 배추좀나방 유충은 1980년대 중반부터 문제가 되었다. 처음엔 도시 근교의 채소 재배 단지에서 발생했지만 점차 피해 지역이 늘고 있다.

모두 비닐하우스가 보편화되고 대규모 단지의 시설 채소 재배가 확대되어 연중으로 이루어진 까닭이다. 배추, 양배추, 무 등의 재배 면적이 늘어나자 배추좀나방에겐 아주 살기 좋은 세상이 되었다. 채소 해충을 방제하기 위해 약제를 집중 살포하여 천적이 줄어든 것도 주요한 원인이다.

배추벌레처럼 작물에 피해를 일으키는 나비들도 있다. 줄점팔랑나비는 벼에 피해를 발생시킨다. 산호랑나비 유충은 당근과 미나리를 갉아먹으며, 호랑나비 유충은 어린 귤나무에 피해를 일으킨다. 아무리 나비류일지라도 농작물을 식초로 삼는다면 해충이 된다. 잎을 잘 갉아먹는 나비 유충이 어떤 걸 먹느냐에 따라 해충인지 아닌지 결정하게 된다. 그러니까 "모든 나방은 해롭고 모든 나비는 이롭다."고 말하는 건 잘못된 생각이다.

피해를 입은 양배추와 배추

천적으로 친환경 방제 하실래요?

배추벌레가 배춧잎을 갉아먹으면 바이러스 질병도 발생한다. 고온 건조한 상태에서는 발생이 더 많아지며 배설물이 배추 속을 지저분하게 만들면 상품성이 떨어진다. 그래서 농부들은 살충제를 들고 다니며 퇴치하기 위해 애쓴다. 살충제에 약한 배추벌레는 퇴치할 수 있지만 배추좀나방 유충은 사정이 다르다. 살충제에 민감성이 떨어지고 약제 저항성이 발달되어서 방제가 쉽지 않다. 세계 14개국에서 36종의 살충제 저항성이 보고되었을 정도다.

무엇보다 약제 방제는 소비자들의 신뢰를 무너뜨린다. 농약 잔류가 계속 지적되고 있기 때문이다. 안전한 농산물 생산을 위해서는 친환경적인 방제법을 개발해야 한다. 친환경적 방제법에는 여러 가지가 있다. 성충이 활발하게 활동하는 해질 무렵에 스프링클러로 물을 뿌려준다. 망사 등의 피복 재료를 이용하여 해충을 구제한다. 또 성페로몬으로 교미 교란을 일으켜 발생 밀도를 줄이거나 기생봉 등 천적류를 이용하여 밀도를 줄이는 방법도 있다.

천적 방제법은 가장 많인 활용되는 방법이다. 그러나 이미 배추밭 주변에는 천적들이 많이 살고 있다. 거미, 사냥벌, 침노린재, 주둥이노린재, 기생벌 등은 모두 배추벌레를 먹이로 삼는 천적이다. 배추벌레 몸속에 기생하는 배추살이고치벌, 배추벌레살이금좀벌, 알벌 등의 기생봉도 있다. 기생봉은 배추벌레를 효과적으로 죽이는 생물 살충제다.

5월이 되면 배추살이고치벌이 배추 밭 사이를 날아다니며 배추벌레를 고른다. 맘에 드는 통통한 배추벌레를 골라 몰래 산란관을 꽂고 알을 낳는다. 태어난 고치벌 유충은 배추벌레의 피를 빨아먹기 때문에 기생당한 배추벌레는 모두 죽고 만다. 얼마 후 배추벌레 몸속에서는 고치벌 유충이 10~50마리 태어난다. 자연 상태에서 최고 60%의 효과를 발휘한다. 늦가을 인가의 담 주변에서 월동하는 배추흰나비 번데기 중에는 이미 기생당한 개체들이 많다.

생태계가 건강하게 유지되는 곳에는 자연히 천적이 많다. 천적들은 자연적으로 해충 수를 조절하기 때문에 피해가 크게 발생하지 않는다. 천적 곤충의 효과를 높이려면 천적을 보호하는 저독성 농약 살포가 매우 중요하다. 천적에게 영향이 적은 비티제 등의 생물농약과 합성 피레스로이드계 농약이 좋다. 천적을 연구하면 누구나 안심하고 먹을 수 있는 친환경 농산물 생산이 가능하다.

   배추의 생육 저온은 18~21℃다. 10℃이하도 안 되고 23℃이상의 고온도 문제다. 토양이 건조하거나 너무 습해도 상품성이 떨어진다. 특히 수확기 때 습도가 높으면 밑둥썩음병이 발생한다. 배추벌레와 진딧물에 의한 충해뿐 아니라 모자이크병과 무름병 등의 병해도 문제가 된다. 진딧물에 의해 모자이크병이 전염되면 잎이 위축되고 기형화되며 괴저반점이 나타난다. 토양과 맞닿는 부분에 병원균이 침입하면 토양전염성 무름병도 나타난다. 그래서 내습성과 내병성이 강한 품종을 선택하여 돌려짓기하는 게 좋다.

   배추 밭의 배추벌레는 점점 보기 힘들어지는 추세다. 그렇다고 좋아할 일은 아니다. 배추벌레가 사라진 빈자리를 어떤 새로운 해충이 넘볼지 아무도 모르니까. 천적을 활용한 친환경 방제를 통해 안전한 농산물을 생산하는 데 주력하는 일이 무엇보다 중요하다. 자연 천적을 잘 보호하고 유지한다면 해충의 숫자는 스스로 조절될 것이다. 천적은 친환경 농사의 희망이다.

향기로 대화하는 방귀벌레 _ 톱다리개미허리노린재

악탈자와의 식량전쟁 _ 허리노린재

상큼한 유혹에 매혹된 노린재 _ 과수 노린재

작물을 지키는 자객 _ 침노린재

멀리서 날아온 낯선 귀화해충 _ 꽃매미와 매미류

02
노린재류

향기로 대화하는 방귀벌레
_톱다리개미허리노린재

방귀로 신호 시스템을 개발하다

만병의 근원인 스트레스를 해소하기 위해 최근 천연의 향기를 적극 활용하고 있다. 꽃, 과실, 잎, 가지, 뿌리 등에서 추출한 천연 향기는 신체의 각 기관을 자극시켜서 심신을 개선시키는 효과가 있다. 마음이 불안하거나 화가 날 때, 스트레스를 받거나 잠이 안 올 때, 우리의 후각 신경을 자극하는 향기는 건강에 큰 도움이 된다. 자연 그대로의 천연 향기는 다이어트와 피부미용까지 두루두루 이롭게 한다. 향기 중 최고는 향수다. 성년의 날 숙녀가 된 소녀는 장미꽃 스무 송이, 달콤한 키스와 함께 향수를 꿈꾼다. 이성에게 잘 보이려는 마음은 인지상정인가 보다. 이성을 유혹하는 페로몬 향수까지 등장하는 걸 보면 말이다. 사람들은 보다 더 좋은 향기를 얻기 위해 노력하지만 몸속에서 스스로 향수를 만들어내는 생물들도 있다. 체내에서 만든 각종 향수는 사랑의 표현뿐만 아니라 다양한 의사소통의 수단이 되기도 한다.

향수를 맘껏 제작하는 대표적인 생물은 노린재다. 그런데, 사실 노린재의 향수는 노린재들 세상에서만 통한다. 감히 향수라고 말하기 힘들 정도의 지독한 냄새를 풍기니까. 노린재는 손으로 잡으면 심한 구린내나 노린내를 풍긴다고 해서 일찌감치 노린재라 불렀다. 때로는 방귀냄새가 도를 지나쳐 매우 역겹게 느껴진다. 그래서 방귀벌레라 불리기도 한다. 방귀냄새와 향수는 전혀 어울리지 않지만 프랑스 사람들은 노린재 방귀까지도 눈여겨보았다.

결국 프랑스에서는 향수의 원료로 지독한 노린재 방귀를 선택했다. 노린재 방귀는 매우 지독하긴 하지만 옅게 내뿜으면 향기로운 향수가 된다. 노린재는 전 세계에 35,000여 종, 우리나라에만도 600여 종이 살고 있을 정도로 종류가 매우 다양하다. 그런데, 종류마다 다른 냄새를 풀풀 풍긴다. 물론 대부분의 노린재들은 코를 찌르는 지독한 냄새를 방출하지만 때로는 풀잎향이나 바나나향처럼 은은한 향기를 발산하기도 한다. 그래서 방귀냄새로 노린재 종류를 구별하기도 한다.

수렵생활의 고단함을 이겨내고 좀 더 편안하게 살기 위해 사람들은 농경생활을 시작했다. 그때부터 지독한 향기로 농작물을 괴롭히는 노린재와의 악연도 시작된다. 논밭에서는 작물을 터전으로 살아가는 노린재들과 이들을 막으려는 사람들과의 불꽃 튀는 접전이 벌어지곤 한다. 특히 활동성이 매우 좋은 노린재들은 작물 재배지 곳곳을 활보하며 방귀를 뀌어댄다.

그러면 노린재들은 왜 방귀를 계속 뀌는 걸까? 방귀는 노린재들의 의사소통 수단이다. 노린재는 매미나 풀벌레처럼 울 수도 없고, 반딧불이처럼 불빛을 깜빡거릴 수도 없다. 그러니 향수로 이성을 유혹하는 사람들처럼 방귀로 짝을 유인할 수밖에. 짝을 찾아 사랑을 고백하기 위해서는 냄새 지독한 방귀가 더없이 소중하다.

그런데, 노린재가 방귀를 뀌는 가장 큰 이유는 따로 있다. 사랑보다 더 중요하다고 말할 수 있는 이유, 바로 생존 때문이다. 노린재는 다른 동료들을 위해서 거침없이 방귀포를 발사한다. 지독한 방귀냄새가 천적을 물리쳐서 자신을 보호하기도 하지만 노린재는 기특하게도 동료들을 먼저 생각하는 모양이다. 그래서 천적이 나타나거나 위험이 감지되면 가차 없이 방귀를 쏜다. 휘발성 방귀냄새는 주변으로 빠르게 퍼져나가서 위험을 알리는 경고 메시지 역할을 한다.

경고페로몬 신호 덕분에 주변에 있던 노린재들은 위기를 슬기롭게 모면한다. 옛날 봉수대에 봉화를 피워서 적군이 나타났다는 걸 알리는 것처럼. 천적의 침입을 방귀로 알려준 노린재 덕분에 동료 노린재들은 쏜살같이 대피하는 데 성공한다. 잎 뒷면으로 숨거나 풀숲에서 아래로 떨어져 안전해질 때까지 꼼짝달싹하지 않고 기다린다. 나보다 다른 사람을 먼저 배려하는 마음가짐이 행복한 노린재 세상을 만든다.

집합페로몬에 의해 모여든 노린재

방귀냄새는 경고 신호지만, 조금씩 배출되면 동료 노린재들을 불러 모으는 집합페로몬 역할을 한다. 집합페로몬 냄새를 맡고 모여든 노린재들은 짝짓기도 하고 먹이도 함께 먹는다. 무엇보다 단

체로 모여 있으면 냄새를 더 많이 풍길 수 있어서 무리를 보호하는 데도 매우 유리하다. 물론 노린재들도 다른 곤충처럼 몸속에 쌓인 노폐물을 배출하기 위해 방귀를 뀌기도 한다.

노린재의 방귀는 앞가슴 부분에 있는 냄새샘 주머니에 저장되어 있다. 위급한 상황에 처하거나 자극을 받으면 냄새구멍을 통해 안개처럼 방귀를 뿜는다. 냄새구멍의 위치는 애벌레(약충)의 경우에는 복부 등 쪽의 제4·5·6번째 마디 사이에 있고, 성충은 뒷다리 기부 가까이에 한 쌍이 있다. 이처럼 노린재의 방귀는 유용한 의사소통 수단임과 동시에 방어 수단이 되기도 한다. 천적도 노린재의 방귀냄새에 질색하며 손사래를 치니까 말이다. 말도 할 수 없고, 글도 쓸 수 없는 노린재는 방귀라는 수단을 통해 소중한 삶을 영위한다.

빨대주둥이를 가진 노린재가 사는 법

방귀쟁이 노린재의 모습은 눈이 탁 뜨일 정도로 특이하다. 수학 시간에나 보는 오각형이나 육각형 도형을 닮았다. 전체적인 형태는 난형, 타원형, 막대 모양으로 납작하며 뾰족뾰족하게 각이 진 게 특징이다. 둥글둥글한 딱정벌레류와는 전혀 다른 모습이다. 특히 노린재는 딱지날개 끝부분이 부드러운 막질로 되어 있어서 몸 전체를 다 덮지 못 한다.

1990년대 후반부터 발생량이 급격한 노린재는 콩과, 벼과 등의 작물에 큰 피해를 발생시켰다. 2000년대에 들어서면서 과수류와 화훼류까지 넘보며 피해가 눈덩이처럼 불어났다. 왜 갑자기 노린재 발생이 증가한 걸까? 바로 지구 온난화로 인한 겨울철 고온 현상 때문이다. 산림, 논두렁, 강둑 등에서 월동하던 노린재가 겨울에 죽지 않고 이듬해 모두 발생하고 있다. 그러나 최근 겨울에는 날씨가 추워서 발생량이 다소 줄었다.

지구 온난화로 노린재의 천적인 양서 파충류 숫자도 급감했다. 하우스 재배 증가와 농작물의 재배 순서 변화도 노린재 발생을 부추겼다. 노린재가 좋아하는 과수와 활엽수가 증가하는 식재 변화도 번성을 도왔다. 아무튼 노린재가 살기 유리한 방향으로 환경 조건이 변하고 있어서 개체 수는 더욱 급증하고 있다.

노린재들은 어떤 방법으로 작물에 피해를 줄까? 기다란 주둥이를 식물에 꽂아 즙액을 빨아먹는다. 평소에는 주둥이를 가슴 아랫부분에 접고 다녀서 좀처럼 보기 힘들다. 작물의 즙액을 빨아먹을 때는 앞으로 내밀기 때문에 볼 수 있다. 노린재 입은 나무의 수액을 빨아먹는 매미처럼 뒤쪽을 향하는 후구식 입이다. 딱정벌레나 길앞잡이처럼 앞을 향하는 육식 곤충의 전구식 입과 다르다.

노린재는 식물의 체관과 열매처럼 영양물질이 가득한 곳에 주둥이를 꽂는다. 체관에는 영양물질이 듬뿍 담겨 있을 뿐 아니라 식물체 바깥에 위치하고 있어서 쉽게 찔러 넣을 수 있다. 구멍을 뚫고 영양물질을 빨아먹는 노린재 때문에 작물은 손상을 입고 시든다. 게다가 흡즙을 할 때 바이러스가 옮겨지기라도 하면 질병에 걸린다. 작물들은 살려 달라고 아우성치지만 노린재들이 봐줄 리 없다. 이곳저곳을 옮겨 다니며 주둥이를 계속 꽂아댈 따름이다.

특히, 콩, 녹두, 팥 등의 콩과 작물 피해가 가장 크다. 봄부터 늦가을까지 계속 발생하는 노린재는 콩 꼬투리가 달릴 때부터 수확에 이르기까지 계속 피해를 입힌다. 60~90%의 수확량이 감소되어 큰 피해를 입게 된다. 콩밭에

벌처럼 보이는 곤충이 붕붕 날아다닌다. 꽃이 다 졌는데 웬 벌일까? 그런데 자세히 보면 벌이 내려앉은 데가 꽃이 아니라 꼬투리다.

가슴과 배의 연결 부분이 개미허리처럼 잘록해서 벌과 흡사한 모습이다. 그런데, 뒷다리가 매우 길고 넓적다리 안쪽에 톱날가시가 있어서 벌과는 사뭇 달라 보인다. 전체적으로 몸이 도형처럼 각이 진 걸 확인하고서야 노린재임을 알았

톱날 달린 다리와 개미처럼 가느다란 허리를 가진 노린재

다. 꼬투리에 내려앉는 괴상망측한 모습의 노린재는 과연 누굴까? 콩과 식물을 매우 좋아해서 콩노린재라고 불리는 일명 톱다리개미허리노린재다.

톱다리개미허리노린재는 톱날이 달린 다리와 잘록한 개미허리를 자랑하는 호리허리노린재과의 노린재다. 콩의 최대 해충이며 팥, 녹두 등의 콩과 작물 사이를 바쁘게 날아다니며 주둥이를 꽂아 흡즙한다. 날개가 아직 생기지 않은 약충(애벌레) 시절에도 콩에 피해를 주는 건 마찬가지다. 개미를 닮은 톱다리개미허리노린재 약충은 천적으로부터 자신을 방어할 수 있다. 떼로 몰려드는 개미는 대부분의 천적들이 두려워하는 대상이니까.

개미를 닮은 톱다리개미허리노린재 약충

71

톱다리개미허리노린재와 개미허리노린재는 콩 꼬투리를 기다란 주둥이로 뚫고 아직 덜 여문 콩에서 즙액을 빤다. 특히 꼬투리가 커지는 시기에 피해를 입으면 빈껍데기가 되거나 콩알이 변색된다. 발아율도 낮아져서 종자가 되지 못하는 경우도 다반사다. 더욱이 콩나물을 재배할 때 부패 병의 원인도 된다. 이들이 발생하면 생산성이 매우 낮아져서 제대로 콩을 이용할 수 없다. 특히 콩밭은 농약을 상대적으로 적게 사용하기 때문에 노린재들의 천국이 될 수밖에 없다.

콩밭에는 톱다리개미허리노린재 외에도 노린재과에 속하는 전형적인 노린재들이 많이 찾아온다. 풀색노린재, 알락수염노린재, 갈색날개노린재, 썩덩나무노린재, 가로줄노린재 등도 콩밭과 다양한 작물에 모여 즙액을 빨아먹는다. 이들은 또한 들판의 초원지대에서도 산다. 풀색노린재는 초록색을 띠고 있어서 작물 사이에서 눈에 잘 뜨이지 않는다. 기주식물의 범위가 넓어서 콩과 작물뿐 아니라 다양한 열매와 채소까지 빨아먹는 잡식성 노린재다.

콩에 피해를 일으키는 풀색노린재와 알락수염노린재

알락수염노린재는 매우 흔하게 발견되는 노린재다. 수염

처럼 생긴 더듬이가 알록달록하게 생겼다. 콩과, 십자화과, 화본과 등 다양한 작물을 모두 좋아한다. 그러다보니 다양한 작물에 피해를 주는 해충이 된다. 최근에는 콩밭의 주요 해충들이 단감처럼 부드러운 과수까지 침해하는 등 서식 범위를 넓혀가고 있다. 도대체 노린재들이 먹지 못하는 건 뭘까?

작물보다 상대적으로 수익이 더 많은 과수농가가 늘어나자 아무거나 좋아하는 노린재들이 과수로 몰려들기 시작했다. 톱다리개미허리노린재

노린재에 피해를 입은 콩

를 포함한 갈색날개노린재, 썩덩나무노린재 등이 바로 그 주인공들이다. 과수 열매에 침을 꽂아 흡즙하면 상품 가치가 떨어진다. 갈색날개노린재는 감나무, 뽕나무, 벚나무 등 각종 과일을 빨아먹는 해충이다. 썩덩나무노린재는 배나무, 사과나무, 뽕나무 등의 과일을 좋아한다. 콩처럼 친환경으로 키우는 과수작물은 약제를 마구 살포할 수도 없다. 점점 서식하는 영역을 넓혀 가고 있는 노린재는 새롭게 등장한 신흥 해충세력이 되고 있다.

노린재와 작물이 함께 사는 길

작물의 즙을 빨아먹는 노린재를 막는 가장 일반적인 방법은 약제 방제다. 그러나 노린재는 약제를 뿌리는 농민들을 비웃기라도 하듯 다른 곳으로 훌쩍 날아가 버린다. 시간이 흘러 약효가 떨어지면 다시 제자리로 돌아와 작물에

피해를 준다. 분산 능력이 탁월해서 약제를 살포해도 효과를 거두긴 어렵다. 그렇다면 활동성 좋은 노린재를 어떻게 막아야 될까?

노린재는 뜨거워질수록 활동성이 좋아지기 때문에 오후보다는 오전시간 대에 약제를 뿌리는 게 좋다. 낮 12시 이후로는 활발하게 활동하기 때문에 움직임이 둔해 피신할 가능성이 다소 적은 오전 시간이 효과적이다. 노린재는 이동성이 좋다. 그래서 여러 농가가 함께 동시에 방제해야 효과를 거둘 수 있다. 노린재는 기주식물이 다양하고 개화기부터 수확기까지 피해가 이어지기 때문에 방제 노력에 비해 피해를 막아내기가 좀처럼 쉽지 않다.

다행히 최근에 노린재류의 행동학적 특성을 고려한 기능성 트랩과 유인 효과를 높인 친환경적 방제법이 속속 등장하고 있다. 노린재의 방귀는 페로몬pheromone이라 불리는 휘발성 방어물질이다. 경보페로몬, 집합페로몬 성페로몬, 길잡이페로몬, 계급페로몬 등의 각종 호르몬에 의해서 곤충은 행동이 좌우된다. 그 중에서 집합페로몬이 친환경방제법에 매우 유용하다.

집합페로몬은 암수를 유인하여 불러 모은다. 특히 콩과 작물의 주요 해충인 톱다리개미허리노린재, 가로줄노린재, 갈색날개노린재가 효과적으로 유인된다. 콩 파종 직후 집합페로몬 트랩을 콩 포장 주변에 50~100m 간격으로 설치한다. 그러면 주변에서 월동한 노린재를 유인할 수 있어서 노린재의 밀도를 획기적으로 줄일 수 있다.

무엇보다 집합페로몬은 친환경적으로 노린재를 유인하여 퇴치하는 방법이다. 노린재가 콩에 침입하기 전에 미리 밀도를 낮출 수 있다. 유인물(집합페로몬+청자콩 조합)과 유인트랩(통기트랩과 깔대기트랩)으로 방제하면 약제 방제 횟수를 50% 이상 줄일 수 있다. 약제 살포를 줄이는 것만으로도 품질 좋은 친환경 작물을 수확할 수 있다.

때로는 노린재들이 선호하는 녹두로 유인하여 포살시킨다. 콩을 심은 골 바깥쪽에 녹두를 심은 뒤 녹두꽃이 피면 녹두와 콩 사이에 방충망을 친다. 노린재가 녹두 주변 방충망에 몰려들면 그때 살충제를 뿌려 방제한다. 콩에 직접적으로 농약을 치지 않아도 되기 때문에 매우 친환경적인 방법이다. 방제 비용에 비해서 효과가 꽤 좋은 편이다.

알깡충좀범과 검정알벌 같은 천적을 활용하면 노린재 밀도를 30~50% 줄일 수 있다. 활동성이 좋아서 약제 방제가 힘든 노린재를 막기 위해서는 생물학적 방제법인 천적 방제가 효과적이다. 논밭의 해충을 막으려고 논밭 두렁을 태워보지만 오히려 해충을 잡아먹는 거미, 기생봉, 꽃노린재 같은 자연 천적만 죽이는 꼴이 된다. 천적이 죽으면 오히려 자연 방제 기능이 떨어져서 논밭은 노린재 세상이 되고 만다.

콩과 작물뿐 아니라 다양한 작물에 피해를 일으키는 노린재를 제때 막지 못하면 상품 가치가 떨어진다. 페로몬과 천적을 활용한 친환경 방제법이 등장했지만 아직 가격이 비싸고 일부 작물에만 적용 가능하기 때문에 보편화되지 못했다. 그러나 노린재는 지구온난화로 날씨가 더워지면서 부쩍 더 힘을 내며 해충으로 급부상하고 있다. 21세기 신흥 해충 노린재의 대화법인 방귀 향기를 더욱 연구하여 노린재와 작물 그리고 인간이 피해없이 함께 더불어 살아갈 날을 그려본다.

약탈자와의 식량전쟁
_허리노린재

잘록한 허리를 가진 모델 등장하다

세계에서 가장 뚱뚱한 사람은 전직 우편집배원 출신의 영국인 폴 메이슨Paul Mason이다. 강박적 섭식장애로 하루 2만 칼로리 이상을 섭취한 결과 몸무게가 무려 445kg이 되었다. 어디가 허리인지 구분이 되지 않을 뿐 아니라 혼자서는 일어날 수조차 없다. 반면에 세계에서 가장 허리가 가느다란 사람은 미국인 캐시 정이다. 뉴욕 맨해튼 빈티지 의류 전시회에서 15인치의 개미허리를 뽐내며 기네스북에도 오른 바 있다.

    노출의 계절 여름이 되면 여성들은 화려한 바캉스를 꿈꾸며 S라인을 되찾고자 극성을 부린다. 최근에는 꽃미남 대세에 따라 남성들까지 몸만들기에 힘을 쏟고 있다. 그러나 말처럼 쉽지 않은 게 다이어트다. 피트니스 센터를 찾아 운동하고, 각종 다이어트 요법을 실천하고, 무작정 굶어도 보지만 날씬한 S라인을 되찾는 건 생각만큼 쉽지 않다. 다이어트에 성공한다 해도 전체적으로 살이 빠져 버리기 때문에 건강한 몸매를 찾기란 쉬운 일이 아니다.

특히, 허리 라인은 나이가 들수록 더 관리하기 힘들다. 허리는 지방 분해가 안 되기 때문에 금방 살이 붙고, 한 번 살이 붙었다 하면 쉽게 빠지지 않다. 잘록한 허리는 건강뿐 아니라 자신감의 상징이기도 하다. 그래서 예쁜 허리 라인을 만들어주는 운동과 스포츠가 인기를 끌고 있다. 신체는 반복적으로 활동하는 부위의 지방을 먼저 소모시키는 특성이 있다. 그래서 스포츠댄스, 훌라후프, 스트레칭을 하면 허리를 계속 자극시켜 살이 빠지게 된다. 장운동을 활발하게 해줄 뿐만 아니라 노폐물까지 배출시켜 쾌변에도 도움이 된다.

여름철만 되면 허리 라인에 신경 쓰는 여성들과는 달리 항상 S라인을 유지하고 있어서 여유가 넘치는 녀석들이 있다. 개미처럼 아주 가늘지는 않지만 분명히 잘록한 S라인을 유지하고 있는 허리노린재다. 풀

허리가 잘록한 넓적배허리노린재와 장수허리노린재

밭에 나타난 허리노린재는 길쭉한 몸매에 움푹 들어간 허리를 갖고 있는 곤충계의 모델이다. 일자 허리를 갖고 있는 노린재와는 달리 몸매가 일품이다.

허리노린재는 노린재목 허리노린잿과에 속하는 곤충이다. 우리가시허리노린재, 시골가시허리노린재, 떼허리노린재, 넓적배허리노린재처럼 몸집이 작은 경우도 있지만 큰허리노린재, 장수허리노린재처럼 덩치가 큰 허리노린재도 있다. 크기는 종류마다 다르지만 몸집에 상관없이 움푹 들어간 허리 라인이 공통점이다. 허리노린재 중에 가장 쉽게 눈에 뜨이는 건 우리가시허리노린재와 시골가시허리노린재다. 잘록한 허리에 어깨부분 끝에 뾰족한 가시를 갖고 있는 게 특징이다.

우리가시허리노린재와 시골가시허리노린재는 매우 닮아서 구별이 쉽지 않다. 그러나 자세히 보면 약간의 차이점을 발견할 수 있다. 우리가시허리노린재가 시골가시허리노린재보다 조금 더 크고 넓적하며 어깨 부분의 가시가 위쪽을 향하고 있다. 하지만 시골가시허리노린재는 약간 작고 어깨 부분의 가시 방향이 평행하다. 그러나 풀잎에 앉아 있는 모습을 언뜻 보고 구별하는 건 쉽지 않다.

두 노린재는 성충과 알이 비슷해서 구별이 힘들다. 그러나 어린 약충 시절에는 모습이 서로 달라서 쉽게 구별된다. 시골가시허리노린재 약충은 연한 초록색이지만 우리가시허리노린재 약충은 연한 회색바탕이다. 노린재들은 보통 서로 반대 방향을 보고 짝짓기를 한다. 그런데 짝짓기를 할 때 암수가 함께 있어야 부화율이 높다. 짝짓기를 마친 시골가시허리노린재 암수를 함께 있게 하면 부화율이 92.1%에 이르지만 암컷만 두면 부화율이 9.6%에 불과하다. 수컷의 지속적인 짝짓기가 있어야 알이 부화된다는 걸 의미한다.

모든 곤충들이 그렇듯이 노린재도 종류에 따라 좋아하는 기주식물이 다르다. 또한 한 가지 식물만 먹는 경우도 있고 여러 식물을 두루 흡즙하는 경우도 있다. 벼에 피해를 주는 노린재 중에는 오로지 볏과 작물만 먹는 노린재도 있고 벼뿐 아니라 다양한 잡초까지 모조리 먹고 사는 노린재도 있다. 벼만 먹고 사는 노린재를 단식성 종이라 하고 벼에서 잡초까지 두루 먹고 사는 종을 다식성 종이라 한다.

우리가시허리노린재와 시골가시허리노린재는 벼와 잡초에서 모두 볼 수 있는 다식성 종이다. 벼와 잡초를 오가면서 생활하기 때문에 먹이 조건이 좋지 못해도 생존력이 매우 높다. 우리가시허리노린재는 벼, 보리 등의 화본과(볏과)식물을 가해한다. 이삭이 팬 벼에 날아와서 구침을 찔러 흡즙하면 쌀의 품질이 저하되고 반점미의 원인이 된다. 시골가시허리노린재는 유자나무, 귀

리, 보리, 벼 등 식량 작물뿐 아니라 과수까지도 가해한다. 기주범위가 매우 넓어서 작물과 과수를 옮겨 다니며 피해를 발생시킨다.

활동성이 좋은 허리노린재들이 벼에 날아들어 흉측한 주둥이를 꽂으면

벼에 피해를 일으키는 허리노린재. 우리가시허리노린재 약충, 시골가시허리노린재, 우리가시허리노린재의 흡즙

농부의 가슴은 찢어진다. 살짝 주둥이를 꽂는 것만으로도 이미 상품 가치는 하락한다. 더욱이 노린재는 비산능력이 뛰어나기 때문에 여기저기 돌아다니며 구침을 계속 꽂아댄다. 다양한 노린재들은 날개를 펴고 활보하며 중요한 식량 작물인 벼를 괴롭힌다.

상품 가치를 떨어뜨리는 해충

처음부터 허리노린재가 벼에 피해를 발생시키는 건 아니다. 처음엔 잡초에 살다가 벼 이삭이 패는 출수기가 되면 눈빛이 달라진다. 금방 벼 이삭으로 자리를 옮겨서 빨대 같은 주둥이를 꽂는다. 출수 초기에 벼 이삭을 찌르면 결실률에 직접적인 피해가 발생된다. 중·후기에 가해하면 반점미를 유발시켜 상품성을 떨어뜨린다.

허리노린재는 영양이 가득한 벼알의 배유에 뾰족한 구침을 꽂는다. 구멍을 내고 흡즙하면 구침이 찔린 곳에 누런 반문^{斑紋(바이러스 감염으로 생긴 얼룩무늬)}의 반점미가 발생한다. 병원균까지 유발시켜 수확량이 적어지고 쭉정이가 생겨나는 등 품질이 나빠져 작황이 좋지 못하게 된다. 인간의 주곡작물인 벼에 치명적인 피해를 일으키는 노린재는 허리노린재 외에도 매우 다양한 종이 있다. 최근 국립식량과학원 벼맥류부가 전북일대의 논을 3년간 조사한 바에 의하면 논 주변 잡초에서 살아가는 노린재 종류가 26종이나 조사되었다.

벼의 이삭을 흡즙하여 피해를 크게 발생시키는 주요 해충 노린재는 약 10여 종이다. 예로부터 벼에 피해를 일으켰던 중요한 해충은 먹노린재다. 먹노린재는 벼를 떠나지 않고 생활한다. 낙엽 속에서 성충으로 겨울을 나고, 6월부터 논으로 이동하여 벼 아랫부분의 마른 잎이나 엽초에 알을 낳는다. 약충과 성충 모두 벼만 흡즙하기 때문에 피해가 더욱 크다. 이처럼 오로지 벼만 먹고 사는 먹노린재를 단식성 종이라 한다.

먹노린재는 다른 작물에 한눈팔지 않고 약충과 성충 모두 낮에는 벼 아랫부분에 모여 있다가 해질 무렵이 되면 서서히 줄기로 올라와 흡즙한다. 흑색 빛깔의 먹노린재는 일찌감치 벼로 이동하여 출수 전에는 줄기의 즙액을 빨아먹고, 출수 후에는 이삭을 흡즙하여 지속적으로 피해를 준다. 먹노린재에게 피해를 받으면 피해 부위가 퇴색하고 잎이 말라 죽는다. 생육초기에 피해를 받으면 초장이 짧아지고 이삭이 출수하지 못한다. 출수 전후에 가해를 받으면 이삭이 꼿꼿이 말라죽어 마치 백수증상처럼 보인다.

먹노린재는 벼를 가해하는 대표적인 단식성 노린재다

항상 벼에서 생활하는 먹노린재를 제외한 대부분의 노린재들은 잡초지대와 벼를 오가면서 피해를 일으킨다. 흑다리긴노린재, 더듬이긴노린재, 미디표주박긴노린재, 가시점둥글노린재, 배둥글노린재, 붉은잡초노린재, 알락수염노린재, 홍색얼룩장님노린재, 흑다리잡초노린재 등은 기주식물이 매우 다양한 다식성 종이다. 입맛이 까다롭지 않아서 다양한 식물을 먹기 때문에 생존율이 더욱 높다.

그러나 다식성 노린재들은 벼가 출수하기 전까지 논에서 찾아보기 어렵다. 모두 잡초지대에 서식하기 때문이다. 잡초지대에 서식하는 다식성 노린재는 불안정한 먹이조건에서 생활하고 있는 배고픈 노린재다. 화본과 잡초들이 겨울에 말라죽은 후 6월까지는 먹이식물이 마땅치 않다. 굶주림에 허덕이던 노린재는 먹이를 찾아 날아다니지만 쉽게 구할 길 없다.

지쳐버린 노린재는 화본과 잡초들의 출수만 손꼽아 기다린다. 7월 중순이 되어 화본과 잡초가 출수하면 드디어 노린재의 보릿고개가 끝난다. 그런데 화본과 잡초가 출수하기 전과 출수할 때쯤 벼가 출수하는 논에서는 문제가 생긴다. 배고픈 노린재는 이삭이 팬 논으로 한꺼번에 날아간다. 벼, 보리, 밀의 이삭을 닥치는 대로 흡즙하기 때문에 피해가 크게 발생

작물과 들풀을 모두 먹고 사는 다식성 노린재. 더듬이긴노린재와 붉은잡초노린재

한다. 마치 벼 출수를 기다린 것처럼 떼로 몰려든다.

최근에는 흑다리긴노린재, 더듬이긴노린재, 미디표주박긴노린재 같은 긴노린잿과의 노린재가 문제가 되고 있다. 흑다리긴노린재는 화본과 잡초에서 성충으로 월동한 후 5월 중순경에 띠로 이동하여 산란한다. 부화된 약충은 띠에서 성장하다가 6월 말경에 산조풀로 이동한다. 산조풀에서 2세대 발육을 마친 노린재는 8월 상·중순경부터 이삭이 나온 벼로 이동하여 피해를 일으킨다.

특히 화성, 시흥, 안산 등 서해안 매립지 간척지를 중심으로 30% 이상 급증하며 대발생했다. 흑다리긴노린재 발생이 많았던 이유는 벼멸구 등의 병해충이 적어 농약살포가 적었기 때문이다. 그로 인해 잠재 해충이었던 흑다리긴노린재가 갑자기 증가한 걸로 추정된다. 벼 생육 후기의 장기 가뭄도 노린재의 증식에 유리한 조건이 되었다. 피해 논 주위에 띠, 산조풀, 억새, 갈대 등의 화본과 잡초 발생이 많은 것도 번식에 도움이 되었다.

벼가 출수하자마자 갑자기 등장한 노린재는 이삭이 빨아먹어 반점미를 유발시킨다. 반점미가 발생된 쌀은 밥맛이 써서 상품 가치가 현저히 떨어진다. 특히 간척지 논에서는 긴노린재류에 의한 반점미 비율이 50%를 넘기면서 큰 피해를 발생시켰다. 화본과 작물을 좋아하는 노린재는 벼농사의 큰 걸림돌이 되고 있다.

노린재는 열대지역에서는 명성이 매우 높다. 땀을 뚝뚝 흘리는 여름이면 더 기운을 내는 열대성 곤충이기 때문이다. 그러다보니 벼가 출수하는 시기와 노린재의 활동 시기가 겹친다. 농작물 병해충 발생 주의보를 발령하고 신경을 곤두세워 보지만 대처하는 건 쉽지 않다. 논 주변의 드넓은 잡초지대에서 넓게 퍼져 살고 있기에 대비가 어렵다. 특히 비행 능력이 출중해서 대처하기가 매우 어려운 해충이다.

간척지에 큰 피해를 일으킨 흑다리긴노린재

활동성 좋은 벼 노린재, 이렇게 방제하라

매년 노린재 발생이 부쩍 늘고 있다. 노린재는 벼알의 즙만 먹기 때문에 피해상황을 확인하기 어렵다. 잎과 이삭을 살펴보고 즉시 방제해야 되지만 약제 살포로 완전히 방제되었다고 안심하긴 이르다. 활동성 좋은 노린재가 인근 지역 논에서 발생하여 금방 다시 유입되니까 말이다. 항공방제를 해도 유유히 주변의 다른 잡초지대로 이동할 정도로 생존력이 높기 때문에 모두 막아내기엔 역부족이다.

특히 간척지 주변은 뚜렷한 대책이 없어 고민이다. 흑다리긴노린재 기주식물인 띠풀과 산조풀 등의 잡초를 제거하고 갈대밭 태우기를 진행하지만 문제가 해결되지 않는다. 오히려 환경 파괴와 생태계 훼손으로 삵, 수리부엉이 같은 천연기념물의 서식지만 파괴시키는 꼴이 된다. 여유만만하게 이동하는 노린재는 잡지 못하고 애꿎은 동물들만 잡는 꼴이다.

갈대밭과 논밭두렁 태우기는 해충뿐 아니라 익충까지도 모조리 죽인다. 논밭두렁의 해충은 불과 11%에 불과하다. 소각을 하면 익충인 거미, 꽃노린재 같은 천적이 죽고 만다. 항암제를 맞으면 암세포뿐 아니라 건강한 세포까지 죽게 되는 것과 마찬가지로 득보다 실이 더 크다. 하지만 아직도 관행처럼 이루어지는 소각은 병해충 구제와 영농에 전혀 도움이 되지 않는다. 오히려 산불 피해만 발생시킬 뿐이다.

논에서만 사는 먹노린재는 약제 저항성이 강하기 때문에 상대적으로 약제에 예민한 약충 시기에 방제하는 것이 효과적이다. 충격과 소리에도 민감해서 잘 숨기 때문에 논물을 빼고 약제 살포하면 효과적이다. 발생이 많으면 논두렁과 배수로, 주변 잡초지대까지 함께 살포하는 게 좋다. 그러나 약제 방제는 친환경 농산물이 부각되는 요즘 환영을 받지 못 한다.

그래서 친환경적인 경종적 방제법을 택하고 있다. 경종적 방제법은 생태 방제법의 일종으로 해충이 최대로 발생하는 최성기를 피해서 작물을 기르는 방법이다. 재배시기를 조절하는 것만으로도 안전하게 작물을 기를 수 있다. 배고픈 노린재는 오로지 잡초나 벼가 출수하기만 기다린다. 7월 중순 화본과 잡초의 이삭이 패면 먹을 게 생긴다. 그러나 잡초의 이삭이 패기 전에 벼의 이삭이 패면 문제가 된다.

재배시기를 늦추면 약제 방제 없이 반점미 발생을 줄일 수 있다. 2005년 경상남도농업기술원 실험에 의하면 8월 4일 이전에 출수한 품종에서는 반점미 비율이 2.31%였지만 8월 5일~9일 사이에 출수한 경우 0.57%, 8월 10일~14일까지가 0.54%, 8월 15일 이후엔 0.45%였다. 출수기가 빠를수록 반점미 비율이 높다는 사실을 알 수 있다. 고품질의 쌀을 생산하기 위해서는 8월 20일~25일 이후가 출수 적기인 셈이다.

모내기시기를 늦춰도 노린재 피해를 막을 수 있다. 더욱이 8월 중순 이후는 화본과 잡초의 출수가 많기 때문에 벼에 날아드는 노린재가 자연스럽게 줄어든다. 출수기를 늦추는 경종적 방제법은 고품질 쌀 생산의 희망이다. 그리고 노린재 발생은 휴경지, 논둑 등 잡초지의 증가와도 관련이 깊다. 논 관리 소홀이 노린재 발생을 부추기기 때문에 잡초 예취만 해도 노린재 발생을 줄일 수 있다. 특히 친환경 재배농가에서는 논둑과 농로 주변의 잡초를

유기농업으로 벼를 재배하기 위해 늦게 모내기 하는 모습

제거하면 효과가 좋다. 노린재의 서식처를 없애면 개체수는 자연스럽게 줄어든다.

고온성 해충인 노린재는 기후가 따뜻해지면서 좋은 환경이 주어지자 마냥 신이 났다. 이미 중국 광저우, 동남아시아 등의 열대 지역은 벼 노린재 피해가 매우 심각하다. 아열대기후로 들어선 우리나라도 더 이상 노린재의 안전지대가 아니다. 지구온난화가 심해질수록 노린재와 인간은 식량을 두고 치열한 경쟁을 펼칠 수밖에 없다.

상큼한 유혹에 매혹된 노린재
_과수 노린재

탐스런 과일에 주둥이를 꽂는 노린재

무더위를 잊게 하는 과일 화채, 상큼한 맛이 어우러지는 과일 샐러드, 부드러운 빵 위에 생크림과 과일을 듬뿍 얹은 케이크에 이르기까지 과일을 이용한 음식은 사람들의 입을 즐겁게 한다. 입 안 가득 퍼지는 상큼한 과일 향은 오랜 세월 동안 변치 않고 사랑받고 있다. 40~50년 전만 해도 집 안에 과일나무 하나 키우지 않는 사람이 없을 정도였다. 마당 중앙에는 복숭아나무, 담장 사이에는 앵두나무, 우물가에는 포도나무를 심었다.

과일나무는 오랜 세월 동안 인간과 동고동락한 친구다. 최근에는 전통 과일나무의 가치를 인정하여 충북 청원군 연제리의 모과나무와 제주 도련동의 귤나무가 천연기념물로 지정되었다. 천연기념물 522호로 지정된 모과나무는 수령이 500년 된 국내에서 가장 큰 모과나무다. 천연기념물 523호로 지정된 귤나무는 제주 귤의 모습을 오롯이 알 수 있게 해주는 소중한 보물이다. 문화재청은 전통 과일나무를 아끼고 함께 누릴 수 있는 자연 유산으로 보존하고자 노력 중이다.

꽃가루와 열매를 흡즙하는 썩덩나무노린재와 알락수염노린재

한 해 동안 수고한 땀이 결실을 맺는 가을이 되면 가장 먼저 탐스러운 과일이 떠오른다. 주렁주렁 빨갛게 열매가 익어가는 모습을 바라보는 것만으로도 얼굴엔 미소가 번지고 마음은 풍성해진다. 설과 추석 명절 선물세트로 가장 인기 있는 품목도 바로 과일이다. 과일은 또 성장기 아이들에게 비타민 등을 공급해주는 건강 간식이자 가족들이 도란도란 이야기꽃을 피울 때 간단하게 즐길 수 있는 훌륭한 먹을거리다.

탐스러운 과실 수확의 기쁨을 누리던 농부들은 까치밥을 남겨줄 정도로 인심이 후했다. 그러나 요즘은 넉넉한 인심을 찾아보기 힘들다. 까치 같은 새들이 날아들어 먹는 것보다 훨씬 더 무서운 과일도둑이 등장했기 때문이다.

과일에 날아들어 기다란 빨대를 마구 꽂아대는 노린재 때문에 농부들은 까치밥을 남겨둘 정신이 없다. 농부들의 후한 인심은 어디론가 실종되었다.

맛 좋은 과일을 귀신같이 찾아낸 노린재는 복스럽게 열린 과일에 일격을 가한다. 그런데 새로운 과일도둑이 극성을 부린 건 최근의 일이다. 2000년대 들어서면서 노린재들의 과실 피해가 급증했다. 물론 단감에 피해를 주던 노린재가 일부 있긴 했지만 최근 노린재 피해는 크게 증가하고 있다. 들풀의 즙을 빨던 노린재가 달콤한 과일의 유혹에 빠진 걸까?

노린재는 잘 익은 과실로 너나 할 것 없이 모여들어 피해를 일으킨다. 과수 위로 훌쩍 날아올라 숨겨두었던 기다란 입을 꺼내든다. 평상시에는 몸 뒤쪽에 접어놓았던 입을 서둘러 꺼내든다. 앞으로 기다란 주둥이를 쭉 내밀자 뾰족한 입이 튀어나온다. 곧 한시의 망설임도 없이 빨대 모양의 뾰족한 입을 과일에 꽂는다. 기습공격을 받은 과일은 상처를 입고, 채 익기도 전에 몸살을 앓게 된다.

과일의 대표적인 도둑은 썩덩나무노린재, 갈색날개노린재, 풀색노린재가 있다. 감나무에는 갈색날개노린재, 썩덩나무노린재, 풀색노린재, 기름빛풀색노린재, 톱다리개미허리노린재 등 14종의 노린재가 피해를 입힌다. 배나무에는 톱다리개미허리노린재, 풀색노린재, 갈색날개노린재, 썩덩나무노린재, 알락수염노린재 등 30여 종의 노린재가 달려들어 문제를 일으킨다. 갈색날개노린재는

썩덩나무노린재는 과수의 대표적인 해충이다

배나무, 복숭아나무, 포도나무, 감나무 등 여러 과수에 피해를 일으킨다.

다양한 노린재들은 감나무, 배나무, 복숭아나무, 사과나무, 감귤나무 등의 과일에 모여들어 골칫덩어리를 자처한다. 풀색노린재는 감귤나무, 배나무, 복숭아나무, 사과나무 등의 과수뿐 아니라 수도작물, 채소작물, 두과작물에도 두루 피해를 일으킨다. 일반적으로 노린재는 식성이 까다롭지 않기 때문에 기주식물의 범위가 넓은 편이다. 과수가 없으면 작물로, 작물이 없으면 잡초로 이동하고, 생존율이 높아서 피해가 지속된다.

초본 작물이나 잡초의 줄기를 흡즙하던 노린재는 과일의 당도가 높아지면 군침을 흘린

과수에 피해를 일으키는 노린재들. 갈색날개노린재와 풀색노린재

다. 결국 가까운 과수원을 향해 활동 무대를 넓히게 마련이다. 과수원에 날아온 노린재는 여러 과일을 탐내며 싱글벙글한다. 과일에 앉아 침 모양의 뾰족한 입을 꽂고 생과일주스를 빨아댄다. 가까운 곳에 꽃이 많으면 꿀벌들이 멀리까지 잘 날아가지 않는 것처럼 노린재는 당도 높은 과일에 정착하여 피해를 일으킨다.

노린재는 보통 과일에 피해를 주던 해충은 아니다. 그러나 과일의 당도가

높아지자 입맛에 맞았는지 몰려들게 되었다. 노린재는 무덥게 변한 날씨 때문에 급증하고 있다. 이열치열을 매우 좋아하는 노린재는 무덥고 가뭄이 지속되는 날씨를 선호한다. 잡초와 작물에 살다가 과수까지 넘보며 기주식물 범위를 넓히고 있다. 지구온난화로 인해 새롭게 나타난 과일도둑들은 제철을 만난 것처럼 점점 더 성행하고 있다.

노린재, 농심을 닫고 인심도 닫다

노린재는 우리나라에만도 약 600여 종이 살고 있을 정도로 종류가 매우 다양하다. 노린재는 식물질을 먹이로 삼는다. 잡초에 피해를 주던 해충들은 작물에 문제를 일으켰고, 최근에는 정성껏 기르는 과수까지 마구 탐내고 있다. 과수 재배 농민은 언제 몰려올지 모르는 노린재 때문에 걱정이 이만저만 아니다. 집 안마당에 살고 있는 흰개미가 언제 목조주택에 몰려올지 몰라 걱정하는 호주 사람들처럼 말이다.

무엇보다 노린재는 비행 능력이 좋아서 어디든지 쉽게 옮겨 다닌다. 하나의 과실만 맘껏 먹는 게 아니라 여러 과실을 돌아다니며 여기저기 빨대 주둥이를 꽂아댄다. 그래서 피해가 광범위하게 발생한다. 대부분 1년에 2회 출현하며 수명도 길어서 초봄부터 늦가을까지 피해가 지속적으로 발생한다. 부화한 약충부터 성충까지 모두 똑같은 먹이를 먹고 살기 때문에 피해가 끊이지 않는다. 비산 능력이 좋은 노린재들은 농부들의 고민거리가 되고 있다.

대표적인 과일 도둑은 썩은 나무 둥치에서 볼 수 있다고 해서 이름도 썩덩나무노린재다. 나무의 수피 틈이나 가옥 내의 따뜻한 곳에서 월동한 후 5~6월이 되면 과수원에 날아들어 피해를 일으킨다. 콩의 대표 해충 톱다리개미허리노린재도 과일을 넘본다. 1년에 2~3회 발생하며 잡초나 낙엽 밑에서 성충으로 월동하기 때문에 피해가 계속된다. 갈색날개노린재도 성충의 수명이 길어서 과실 피해의 주범이 되고 있다.

주렁주렁 매달린 감은 가을 정취를 물씬 풍긴다. 그런데 원래 충해가 없던 감나무에 최근 노린재와의 전쟁이 벌어졌다. 감나무에 날아드는 노린재는 어린 과실부터 가해하고 산란한다. 과실을 계속 찾아다니며 산란하는 습성 때문에 피해는 눈덩이처럼 불어난다. 성충으로 월동하기 때문에 초봄부터 피해를 주며 과실을 수확할 때까지 계속 된다. 1984년까지는 성숙기 과실만 피해를 입혔지만 1992년부터는 어린 과실부터 성숙기까지 모두 피해를 주고 있다.

노린재가 과일을 찔러 흡즙하면 과실은 흑색이나 갈색의 반점이 생기고 부패된다. 피해 부위를 손으로 눌러 보면 물렁물렁하고 움푹 들어간다. 스펀지 모양의 찰과상을 입은 것처럼 되거나 멍든 것처럼 갈색으로 변한다. 착색이 불량해지고 심하면 기형과가 되어 상품 가치가 없어진다. 때로는 낙과되어 쓸모없게 된다. 노린재 흡즙에 의해 탄저병, 검썩음병 등의 2차적인 병해도 발생된다. 노린재 흡즙과 병균 감염에 의한 병충해로 과실의 상품성은 급격히 저하된다. 단감이나 곶감에는 흔적만 남아도 상품 가치가 크게 떨어져 피해가 크다.

제주 감귤은 고려 왕가에 공물로 바쳐졌고, 조선시대에 왕가에 의해 관리되었던 중요한 과수다. 그러나 제주 감귤도 과수도둑을 피할 길은 없었다. 바람이 불어야 제맛이 난다는 제주 감귤이 아롱다롱 열렸다. 그러나 노린재의 습격을 받은 과실은 품질이 떨어지고 생산량이 감소된다. 무엇보다 노린재는 작물 개화기부터 수확기까지 지속적으로 피해를 일으킨다. 썩덩나무노린재, 풀색노린재, 갈색날개노린재 등의 노린재가 피해를 발생시킨다.

과실에 피해를 일으키는 흡즙 해충은 노린재 외에도 멸구, 매미충 등이 있다. 유자원의 경우만 보더라도 노린재류 9종, 멸구와 매미충류 6종, 나방류 5종으로 총 20종의 해충이 발생한다. 노린재 외에도 초록애매미충, 말매미충, 흰등멸구, 애멸구 등의 흡즙충도 피해를 일으킨다. 매미충은 과실이 없을 때는 잡초에서 생활하다가 과일 착색이 이루어지면 과실을 흡즙한다. 멸구류는 논두렁이나 잡초더미에서 월동하고 벼에 피해를 주다가 10월경 과원의 잡초를 찾아갈 때 과실로 이동하여 발생한다.

말매미충은 즙을 빨아먹는 매미류 해충이다

흡즙충류의 시기별 발생량을 조사해보면 10월 상·중순은 노린재류, 9월 중순에서 10월 하순은 매미충류, 9월 중순에서 10월 중순은 멸구류 발생이 많다. 9월에서 10월경 과원내의 잡초 또는 근처의 숲이나 삼림에 살다가 야간에 날아와 과피에 침을 찔러 피해를 준다. 함몰된 중앙에 갈색의 가는 침구멍이 있지만 작아서 발견하기 쉽지 않다. 과피 외층을 살짝 벗겨보면 침구멍이 보인다. 외관 손상이 커서 상품성이 저하되며 저장 중에 조기 부패의 원인도 된다.

과거에는 자연 유실수로 자라는 감나무에 해충 피해가 거의 없어서 약제 방제를 하지 않았다. 그러나 최근 감나무 주변 농작물에 살충제가 살포되고 있다. 해충 방제 목적으로 살포된 농약 때문에 상대적으로 천적류가 급격히 줄어드는 부작용도 함께 발생하고 있다. 그 결과 환경 생태계가 교란되어 해충 발생이 부쩍 늘어가는 것이다. 깍지벌레와 감꼭지나방 등의 새로운 해충도 등장했다. 주머니깍지벌레는 저온, 건조, 천적류에 의해 60% 이상 죽지만 문제가 되고 있다. 온도가 높아지면서 나뭇가지에 붙어 고착생활을 하는 밀도가 높아지고 있는 탓이다. 햇가지가 시들거나 말라죽고 있으며, 과실로 이동하면 과실 표면을 가해하여 조기 낙과의 원인이 된다. 잎 가장자리, 과실, 가지를 가해하지만 발생량은 많지 않다. 그러나 집단으로 발생하면 피해가 크고 방제가 어렵다. 더욱이 배설물에 의한 그을음병까지 유발되어 더욱 문제다.

탐스런 과일을 지키는 아이디어

탐스럽게 열린 과일에 날아든 노린재 때문에 농심이 시들고 있다. 애써서 새들을 쫓아냈더니 이제는 노린재가 문제다. 좋은 과실을 얻기 위해서는 당연히 막아야 하지만, 노린재 방제는 그리 호락호락한 일이 아니다. 어떤 곤충보다 날아서 흩어지는 분산 능력이 뛰어나고, 연간 발생 횟수도 많으며 번식력도 좋다. 특히 성충과 약충 모두 과실에 피해를 준다. 기주식물이 다양해서 피해 발생 장소도 광범위하다.

약충과 성충 모두 피해를 일으키는 썩덩나무노린재

어떻게 해야 노린재를 막을 수 있을까? 물론 7일 간격으로 2~3회 약제를 살포하는 게 가장 손쉬운 해결책이다. 그러나 약제 살포만으로는 비행 능력이 좋은 노린재를 효과적으로 방제하기 어렵다. 약제가 뿌려지면 다른 곳으로 흩어졌다가 약제가 사라지면 다시 돌아오기 때문이다. 그나마 과수에 모여들어 피해를 주기 시작하는 저녁 시간에 살포하는 게 효과적이다.

그러나 약제 방제는 근본적인 해결책이 아니다. 약제 지속성도 짧고 농가 부담도 크며 살충제에 의한 천적 영향에 이르기까지 문제가 많기 때문이다. 또한 노린재는 종류마다 약제 감수성이 달라서 다양한 노린재를 한 가지 약제로 방제하는 것은 역부족이다. 최근 부쩍 급증한 노린재는 단감, 감귤, 사과, 복숭아, 자두, 배 등의 과실과 콩에 심각한 피해를 주고 있다. 산림에서 월동하고 봄부터 늦가을까지 지속적으로 피해를 준다.

노린재는 과수원, 작물, 논까지 오가면서 모든 작물과 과실에 피해를 준다. 주기적으로 방제가 필요하지만 농약 방제만으로는 활동성 좋은 노린재를 잡을 수 없다. 농약을 많이 뿌리면 비용도 많이 들고 친환경 농산물을 생산할 수 없어서 좋지 않다. 요즘 각광받는 친환경 농산물을 생산하기 위해서 노린재의 행동 특성을 이용한 친환경 방제법이 개발되었다.

농약 대신 유인물과 유인트랩으로 퇴치하면 약제 방제 횟수를 연 4회에서 1~2회까지 줄일 수 있다. 단감과원과 콩밭에 길이 40㎝, 지름 20㎝ 가량의 미꾸라지 통발을 설치한 후 양파망에 멸치를 넣어두면 노린재가 몰려든다. 어항을 놓아 물고기를 잡는 것처럼 냄새를 맡고 들어온 노린재는 출구를 찾지 못해 갇힌다. 간단한 방법이지만 의외로 효과가 매우 탁월하다. 활동이 왕성한 7월 말에서 8월 초쯤 설치하면 효과적이다. 또 최소한 4~5년까지 거뜬히 사용할 수 있으므로 경제적이다.

성페로몬 트랩을 사용하여 번식에 열망이 높은 노린재들을 유인하는 방법도 있다. 단감, 사과, 배 등의 과수농가에 설치하면 노린재들은 여지없이 걸려든다. 짝짓기를 못 하게 하여 번식이 억제되면 개체 밀도가 조절되고 친환경 과수농업을 실현할 수 있다. 기생벌을 활용한 천적 방제법도 효과적인 친환경 방제법이다. 그런데 수입 기생벌은 국내 자연환경과 가축에 피해를 줄 가능성이 없어야 한다. 유인트랩, 성페로몬트랩, 천적 곤충방제는 노동력과 비용 절감 효과도 있다. 친환경 안전 농산물도 생산할 수 있는 경제적인 방제 기술이다.

해충 피해를 막기 위해 종이봉투를 씌운 과수

과수원 주변에 노린재가 서식할 만한 서식처를 없애는 것도 좋은 방법이다. 과수원 근처에 참깨, 콩 같은 작물을 심거나 산간 지역에 과수원을 만드는 건 좋지 않다. 그러면 도리어 노린재들을 불러 모으는 꼴이 된다. 과원 바닥에 노린재, 매미충의 기주가 될 만한 잡초와 두과작물 등 간작물을 경작하지 않고 관리해야 발생을 줄일 수 있다. 주변에 노린재가 서식할 만한 공간을 없애는 게 좋다.

과원에 4mm 정도의 미세한 그물을 치는 방법도 있다. 그러나 시설비가 많이 들어 경제적 부담이 크다. 황색 형광등과 나트륨등 같은 유아등을 이용하지만 다양한 노린재를 모두 방제하긴 어렵다. 포충망을 이용한 원시적인 포살법은 과원 전체가 동시 작업해야 하는 불편이 있다. 살충제 살포가 기본이지만 농약 잔류량이 문제가 되어 수관에 살포하지 못 하고, 과원 주변에만 살포하기에 효과가 떨어진다. 수출에도 농약 잔류량이 문제가 되기 때문에 이러지도 저러지도 못 하는 실정이다.

최근 노린재는 전 세계로 퍼져나가고 있다. 스위스 등의 유럽과 미국에 퍼진 노린재는 농작물에 큰 피해를 발생시켰다. 농부들은 사과, 포도, 토마토, 콩 등에 피해가 엄청나다고 호소한다. 수확량이 20%나 줄자 마치 도둑처럼 내 돈을 훔쳐간다며 울상이다. 지구촌이 인터넷으로 하나 되는 요즘 해충들도 네트워크를 통해 전 세계 곳곳으로 퍼져 나가는 모양이다.

작물을 지키는 자객
_침노린재

킬러의 본능으로 작물을 지키다

1994년 개봉한 〈레옹〉은 국내에 소개된 프랑스 영화 중 최고의 인기를 모았던 작품이다. 30대 중년 레옹이 10대 소녀 마틸다와 국적과 신분을 초월한 인간관계를 맺는다는 독특한 시나리오에서 프로킬러 레옹의 슬픈 이야기가 시작된다. 검은 선글라스, 검은 모자, 검은색 외투를 입고 상대를 해치우는 레옹의 모습에서 진정한 프로킬러의 모습이 엿보인다. 레옹의 강렬한 인상 때문인지 레옹은 킬러가 주인공으로 등장하는 영화 중 최고의 화제작으로 손꼽혔다.

레옹처럼 최고의 암살자가 되려면 반드시 갖추어야 할 조건이 있다. 목표를 정하고 신속히 처리하는 것! 또 사고로 위장할 줄 알아야 되고, 목표물을 빈틈없이 처리해야 된다. 흔적 없이 사라지는 신출귀몰한 모습도 의당 보여주어야 한다. 레옹은 최고 암살자가 되기 위한 모든 조건을 갖추고 있다. 서양에 레옹이 있다면 우리나라에는 자객이 있다. 자객은 음모에 가담하거나 남의 사주를 받고 사람을 몰래 찔러 죽이는 사람이다. 때로는 원수를 갚기 위해 스스로 자객이 되기도 한다.

중국 전국 시대에는 형기荊軻라는 유명한 자객이 있었다. 홍길동전에도 '특재'라는 자객이 등장한다. 몸놀림이 빠르고 무예가 출중한 자객들은 킬러의 본능을 앞세워 빠르게 일을 처리한다. 숲과 들판에도 태어날 때부터 킬러의 본능을 갖고 태어난 용맹한 곤충이 살고 있다. 바로 용맹함과 매서운 사냥술이 돋보이는 사마귀, 잠자리, 파리매, 길앞잡이 등의 육식성 곤충들이다.

풀숲에 숨어 있는 사마귀는 낫처럼 생긴 다리를 세우고 눈을 돌리며 사냥감을 찾는다. 하늘의 제왕 잠자리와 파리매는 날렵한 비행 솜씨와 그물 모양의 다리로 먹잇감을 포획한다. 땅위의 포식

곤충을 사냥하는 육식성 킬러들. 파리매와 길앞잡이

자 길앞잡이는 빠른 발을 백분 활용하여 순식간에 먹이를 덥석 문다. 다양한 육식성 곤충들은 아무도 눈치 채지 못 하게 재빨리 일을 처리하는 곤충계의 진정한 킬러다.

숲에 주사바늘처럼 뾰족한 침을 갖고 있는 진짜 자객이 나타났다. 암살노린재Assassin Bug라 불리는 놈으로 이름부터 자객의 향기가 물씬 풍긴다. 아무것도 모르는 곤충들에게 어두운 그림자는 두려움 그 자체다. 침노린재는 사냥감을 찾아 날카로운 침을 꽂아 피를 빠는 육식성 노린재다. 보통 노린재 하면 풀줄기와 잎에 주둥이를 꽂아 즙을 빤다고 알고 있지만 침노린재는 독특한 사냥꾼이다.

무엇보다 침노린재는 자객처럼 티를 내지 않는다. 평상시에는 날카로운 주둥이를 뒤로 접어서 홈에 끼우고 다니며 자객이 아닌 척 한다. 그러다가 사냥감을 찾으면 과감하고 재빠르게 침을 내밀어 찌른다. 사냥한 먹잇감을 다 먹을 때까지 찌른 채 들고 다니는 모습을 보면 끝까지 임무를 완성하려는 킬러의 본색이 묻어난다. 자객처럼 신출귀몰하며 신속히 사태를 마무리하기 때문에

자객 다리무늬 침노린재의 사냥 모습

곤충계의 최고 암살자라 불리는 데 전혀 손색이 없다.

침노린재는 나방애벌레, 잎벌레, 무당벌레, 개미, 벌 등 다양한 곤충을 사냥한다. 사냥에 성공하면 즉시 드라큘라로 변한다. 먹잇감에 침 모양의 기다란 주둥이를 꽂아 체액을 흡혈한다. 몸집이 큰 사냥감도 결코 두려워하는 법

이 없다. 공중에서 먹잇감을 낚아채는 무시무시한 사냥꾼 파리매까지도 침 한 방으로 제압한다. 아무리 사냥술이 탁월한 파리매라도 한 번 걸려들면 속수무책이다.

침노린재는 노린재목 Heteroptera 침노린재과 Reduviidae에 속하는 곤충이다. 몸빛깔도 눈에 잘 뜨이지 않는 흑색이나 암갈색이다. 숲이나 들판에 살며 주로 곤충을 사냥하지만 때로는 인간을 비롯한 척추동물의 피를 빨아먹어 질병을 전염시키기도 한다. 키스벌레 kissing bug라 불리는 노린재는 돌이나 수피 밑에서 살며 사람의 입 주위를 문다. 그러나 우리나라에는 살지 않는 킬러다. 우리나라에는 다리무늬침노린재, 배홍무늬침노린재, 붉은등침노린재, 왕침노린재 등의 다양한 자객이 살고 있다. 그 중에서 특히 다리에 흰

줄 무늬가 있는 다리무늬침노린재를 가장 쉽게 볼 수 있다. 침노린재는 주로 잎벌레, 무당벌레, 나방 애벌레 등을 사냥한다. 사냥감을 찌른 후 화학물질을 몸속에 분비하면 사냥감은 더 이상 반항하지 못 하고 마비가 된다. 별다른 저항도 하지 못한 채 사냥감은 고스란히 먹이가 되고 만다.

길쭉한 침으로 사냥하는 다양한 침노린재들. 왕침노린재와 붉은등침노린재

두 얼굴의 사냥꾼

노린재는 작물만 먹고 사는 것, 풀만 먹고 사는 것, 작물과 풀을 모두 먹고 사는 것에 따라 해충으로서의 비중이 달라진다. 농작물에 모여드는 노린재는 대부분 작물을 좋아하기 때문에 해충이 된다. 콩과작물, 벼과작물, 과수에 모여들어 작물에 피해를 일으킨다. 하지만 국화과, 십자화과에 모이는 노린재들은 피해가 조금 덜 하다. 콩과, 벼과, 과수 같은 주요 작물에 치중되기 때문에 중요도가 떨어진다.

작물에 모이는 다양한 해충들. 십자무늬긴노린재, 북쪽비단노린재, 홍비단노린재

십자화과의 배추, 무, 냉이, 쑥갓에는 북쪽비단노린재, 홍비단노린재, 알락수염노린재가 즙을 빨기 위해 모여든다. 당귀, 인삼 등 약용식물의 꽃과 열매에는 홍줄노린재가 피해를 주고 가지에는 장님노린재, 풀색노린재가 해를 끼친다. 국화과 식물인 쑥, 엉겅퀴, 두릅에는 참가시노린재가 피해를 주고 쑥, 망초, 박주가리에는 십자무늬긴노린재가 모여든다. 목화, 할미꽃에는 알락수염노린재가 피해를 준다. 그 외에도 작물, 들풀, 과수, 수목 등의 즙을 빨아먹는 노

린재는 종류가 매우 다양하다.

　침노린재는 식물의 즙을 빨아먹지 않기 때문에 해충이 아니다. 오히려 해충들을 잡아먹는 유용한 천적이다. 최고의 자객 침노린재가 사냥하는 먹잇감을 보면 농작물 해충이 많다. 나방 애벌레, 잎벌레 등의 해충을 잘 잡아먹기 때문에 농사에 이로운 익충이다.

　작물에는 수많은 해충들이 모여든다. 그 때문에 자객들도 덩달아 신이 난다. 먹잇감을 찾아서 이곳저곳 돌아다니며 사냥하기 바쁘다. 작물과 숲에는 침을 찔러 넣는 자객이 즐비하다. 최고의 자객 침노린재뿐 아니라 주둥이노린재, 쐐기노린재, 꽃노린재 등 다양한 육식성 노린재가 많다. 주둥이노린재는 풀즙을 빨아먹는 노린재와 매우 비슷하게 생겼다. 침노린재는 일반적인 노린재와 모습이 많이 다르지만 주둥이노린재는 해충 노린재와 매우 닮았다.

　주둥이노린재들은 풀잎을 사각사각 갉아먹는 나방과 나비 유충을 주로 사냥하는 킬러다. 애벌레들이 풀즙을 먹는 노린재와 비슷하다고 안심하고 있다가는 봉변을 당하기 일쑤다. 주둥이노린재는 농작물 해충 중에서 흔히 볼 수 있는 부드러운 애벌레를 찔러서 피를 빨아먹는 걸 가장 좋아한다. 자연 천적의 역할을 충분히 감당하기 때문에 밭에서는 매우 귀중한 보물이다.

　소녀처럼 가느다란 몸을 갖고 있다고 해서 소녀벌레damsel bug라 불리는 쐐기노린재도 사냥에는 도사 급이다. 노린재목Heteroptera 쐐기노린재과Nabidae에 속하는 노린재로 농부들의 골칫거리가 되는 진딧물과 털 달린 나방 유충을 주로 사냥한다. 몸에 비해 매우 두껍게 발달된 앞다리로 먹잇감을 사냥하는 포식자이기도 하다. 노랑날개쐐기노린재와 빨간긴쐐기노린재를 흔히 볼 수 있다.

나방 애벌레를
사냥하는 남색
주둥이노린재와
빨간쐐기노린재

꽃노린잿과에 속하는 애꽃노린재Orius sauteri는 해충을 잡아먹는 천적 곤충으로 많이 활용되고 있다. 총채벌레, 진딧물, 응애 등의 작은 해충을 잡아먹는 천적이다. 천적 곤충을 잘 활용하면 친환경 농산물을 생산할 수 있는 길도 열린다. 침노린재, 주둥이노린재, 쐐기노린재, 꽃노린재처럼 킬러의 본능을 갖고 있는 육식성 노린재는 농작물 해충이 사는 곳에 함께 산다. 사냥감이 많은 곳에 킬러들이 너나 할 것 없이 모여드는 건 당연하다.

    육식성 노린재들은 풀즙을 먹는 노린재들과는 달리 사냥꾼의 피가 흐른다. 성충뿐 아니라 어린 약충 시기부터 자객의 냄새를 물씬 풍긴다. 약충은 성충보다 작지만 작은 먹잇감부터 사냥하면서 사냥 기술을 연마한다. 자랄수록 더 무시무시한 사냥꾼이 되기 때문에 어린 약충이라고 무시하다가는 언젠가 큰 코 다칠 수가 있다. 갓 태어난 작은 사마귀가 작은 먹잇감부터 사냥하면서 사냥 기술을 익히는 것처럼!

    물속에 사는 수서노린재 중에도 사냥 실력이 탁월한 킬러가 많다. 물속의 드라큘라고 불리는 물장군은 미꾸라지 같은 큰 먹잇감도 주저 없이 사냥한다. 두툼한 다리로 사냥한 후 침을 찔러 미꾸라지의 피를 빤다. 피를 다 빨아 먹힌 미꾸라지는 흰빛깔로 변하여 물 위에 둥둥 뜬다. 그러면 물 위의 청소부 소금쟁이와 송장헤엄치게가 나타나서 시체를 분해한다. 두 청소부 때문에 물이 오염되는 건 막을 수 있다.

물장군 외에도 다양한 수서노린재들이 있다. 물자라, 장구애비, 게아재비 같은 수서 사냥꾼들은 작은 물고기와 곤충을 사냥하는 물속 킬러다. 알을 등에 업고 다니는 물자라 수컷은 알이 부화될 때까지 돌보는 부성애가 뛰어난 곤충으로 유명하다. 장구애비는 물장군처럼 두꺼운 앞다리로 힘 있게 먹잇감을 움켜쥐기 때문에 사냥에 유리하다. 유난히 몸이 길쭉하고 다리가 긴 게아재비는 사마귀와 닮아서 물속의 사마귀라 불린다.

곤충이나 작은 생물의 체액을 빨아먹는 물속의 사냥꾼들. 메추리장구애비와 등빨간소금쟁이

천적 곤충과 해충의 공생은 가능할까?

침노린재는 사냥에 필요한 날카로운 침뿐 아니라 사냥 전략이 뛰어난 것으로 매우 주목할 만하다. 영리한 침노린재는 거미줄에 걸린 것처럼 행동한다. 거미는 걸려든 먹잇감을 향해 달려오게 되지만 더 뛰어난 사냥술에 당하고 만다. 호주 매쿼리대 연구진은 침노린재Stenolemus bituberus가 거미줄에 걸린 파리나 곤충처럼 거미줄에 진동을 일으켜서 거미를 다가오게 만든다는 사실을 알아냈다. 거미를 더듬이로 서서히 탐색하다가 날카로운 침을 찔러 사냥에 성공한다. 침노린재의 속임수에 보기 좋게 걸려든 셈이다.

거미는 침노린재가 만든 가짜 진동에도 다른 먹잇감이 걸렸을 때와 똑같은 반응을 보였다. 먹잇감이나 나뭇잎 등 다른 물체가 걸렸을 때와 짝짓기 상대의 접근 때는 진동 방식이 다르다. 그러나 침노린재의 치밀한 사냥 전략은 읽어내지 못 했다. 침노린재는 공격적인 모방 행동을 통해 거미를 사냥하는 놀라운 지혜까지 갖춘 머리 좋은 킬러다. 때로는 거미가 가까운 거리까지 자연스럽게 접근하게 한 뒤 갑자기 덮치는 스토킹 전략도 이용한다.

침 하나만으로도 매우 위협적인 침노린재가 지혜로운 사냥 전략까지 갖추게 되면서 일약 최고의 킬러 자리에 등극했다. 침노린재는 작은 곤충과 무척추 동물 등 닥치는 대로 사냥한다. 주로 작물과 과수에 피해를 주는 해충을 먹이의 원천으로 삼기 때문에 농부들에게는 매우 이로운 생물이다. 작물에 나타난 침노린재는 다양한 해충을 사냥할 게 분명하니까.

그러나 침노린재가 해충만 골라서 사냥하는 건 아니다. 해충뿐 아니라 주변에 있는 맘에 드는 먹잇감은 무조건 가리지 않고 암살한다. 물론 상대적으로 농작물 해충이 많은 건 사실이다. 그래서 해충의 숫자를 자연적으로 조절하는 천적 곤충이 된다. 배추좀나방, 담배거세미나방 유충과 잎벌레를 잘 잡아먹기 때문에 좋은 농작물의 숨은 공로자다. 무엇보다 침노린재는 오로지 육식만 하기 때문에 작물에 전혀 피해를 주지 않아 천적 곤충으로 활용하는 데 부작용이 없다.

풀즙을 빨아먹는 노린재는 작물과 같은 식물을 먹는 1차 소비자다. 그러나 침노린재 같은 사냥꾼들은 1차 소비자를 사냥하는 2차 소비자다. 결국 침노린재 같은 사냥꾼들이 활발하게 활동하면 자연 생태계에서 문제를 일으키는 해충의 숫자는 줄어들게 마련이다. 농작물이나 숲에 천적이 풍부하면 한 가지 해충이 급증하는 일은 발생하기 어렵다. 훌륭한 천적들의 활동으로 생태계는 평형을 이룬다.

기후가 변하면서 새로운 해충들이 들끓고 있다. 전혀 문제가 없던 곤충이 해충으로 바뀌거나 해외에서 해충이 유입되어 문제를 일으키는 것이다. 특히 지구온난화로 날씨가 따뜻해지자 열대성 곤충 노린재들은 새로운 해충으로 급부상하고 있다. 따뜻한 기후는 풀즙을 먹는 노린재들에게 매우 좋은 환경이 되어 노략질을 더욱 일삼게 만들고 있다.

아시아가 원산지인 썩덩나무노린재는 세계로 퍼져나갔다. 1998년 펜실베이니아 앨런타운에서 발견된 낯선 해충 노린재를 본 미국은 거의 패닉 상태에 빠졌다. 노린재 연구결과도 없고 천적도 없는데 통제가 안 될 정도로 불어났기 때문이다. 대발생의 원인을 찾느라 분주하게 움직이지만 뾰족한 대책이 없는 실정이다. 스위스 등의 유럽에 퍼진 노린재는 과일에 검은 반점을 일으켜 상품성을 떨어뜨리며 문제를 일으켰다.

기다란 주둥이로 식물의 즙을 빨아먹는 공통점을 가진 노린재는 대부분 해충이 많다. 작물이나 풀의 즙액을 빨아먹는 해충 노린재, 나무의 수액을 먹고 사는 꽃매미, 들판의 풀이나 논밭의 작물을 먹고 사는 매미충과 멸구, 거품을 만드는 거품벌레, 한여름을 알리는 매미 등 매우 다양하다. 긴 주둥이로 식물을 찌르기 때문에 피해를 일으키는 해충으로 분류된다.

반면에 침노린재, 주둥이노린재, 쐐기노린재, 꽃노린재 등의 천적 곤충들은 전혀 식물을 먹지 않는다. 오히려 해충을 잘 잡아먹기 때문에 연구 가치가 매우 높다. 앞으로 대량 증식하는 기술을 확립하면 천적 곤충의 가치가 더욱 높아질 것으로 기대된다. 생물 천적 침노린재는 농작물을 지키는 수호자다. 그러나 침노린재도 다양한 해충이 살지 않는다면 살 수 없다. 천적 곤충과 해충들이 함께 어우러져 살아가는 생태 공간이야말로 인간이 더불어 살 수 있는 세상일 것이다.

멀리서 날아온 낯선 귀화해충
_꽃매미와 매미류

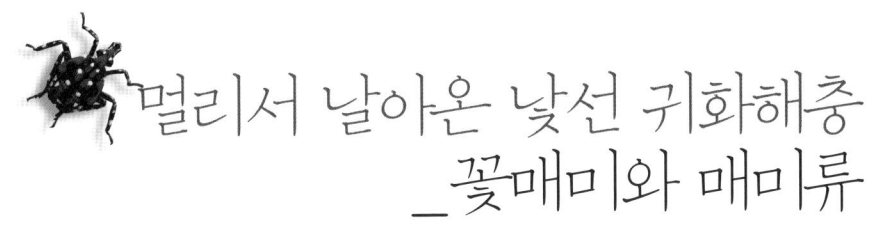

바다를 건너온 돌발해충

봄철마다 지속되는 중국 황사와 일본 대지진에 의한 방사능 유출 공포까지 더해지면서 사람들의 건강에 적신호가 켜졌다. 황사와 방사능의 합성어인 '황사능'이란 말이 유행할 정도로 공기 오염은 더욱 심각해졌다. 따뜻한 봄 풍경을 만끽하려는 사람들의 행복을 황사능이 빼앗고 있다.

공기청정기, 정수기, 스팀청소기, 에어워셔 등의 공기청정 가전제품들만 때 아닌 특수를 누리고 있다.

황사는 봄철 중국대륙이 건조해지면서 고비 사막, 타클라마칸 사막과 황 토지대의 흙먼지가 우리나라로 날아오는 현상이다. 3000~5000m 상공으로 올라간 흙먼지는 편서풍과 제트기류를 타고 우리나라까지 날아온다. 거대 황사는 일본과 태평양을 넘어서 미국까지 영향을 끼칠 정도로 해마다 위력이 더해지고 있다. 황사가 발생하면 먼지 농도는 100~500$\mu g/m^3$으로 평상시의 10배에 이른다. 특히 질소산화물, 황산화물, 미세 먼지 등 인체 유해 성분이 포함되어 있어서 건강을 위협한다.

봄철은 황사뿐 아니라 꽃 알레르기 물질까지 극성을 부리는 계절이다. 덕분에 눈이 약하거나 호흡기에 문제가 있는 사람들은 괴롭기만 하다. 특히 면역력과 폐기능이 떨어지는 노약자와 어린이들은 더 쉽게 위험에 노출된다. 반드시 마스크를 착용하고 외출을 삼가며 외출 후에는 손, 발, 얼굴 등을 청결하게 씻어야 예방이 가능하다. 규칙적인 생활 습관과 충분한 영양 섭취 그리고 운동을 통해 체내 면역을 높이는 게 가장 중요하다.

황사와 함께 해마다 바다를 건너 날아오는 해충도 인간에게 큰 피해를 준다. 예로부터 매우 유명했던 벼 해충 멸강충은 알 상태로 중국에서 날아온다.

멸강나방 유충은 중국에서 날아와 벼에 큰 피해를 입힌다

멸강충이 대발생하여 벼 잎을 갉아먹어 피해가 크다는 사실은 김부식이 지은 『삼국사기』에도 기록되었을 정도다. 멸강충 외에도 벼멸구, 애멸구, 흰등멸구 등은 모두 중국에서 유입되어 주곡작물인 벼를 가해하는 해충이다.

최근에는 중국열대지역에서 온 외래생물 꽃매미가 유명세를 탔다. 붉은 뒷날개가 특징이어서 '주홍날개꽃매미', 중국이 원산지여서 '중국매미'라고도 불린다. 그러나 진짜 이름은 '꽃매미'다. 꽃매미는 노린재목 꽃매미과에 속하는 곤충이다. 보통의 노린재나 매미처럼 기다란 주둥이로 즙액을 빨아먹고 산다. 그런데, 꽃매미가 좋아하는 나무가 과수라는 데 큰 문제가 있다. 과수에 날아들어 문제를 일으켜 막대한 피해를 일으키니까. 외래유입종은 자연계에 천적이 없기 때문에 피해가 훨씬 더 크다.

나무의 즙을 빨아먹는 해충 꽃매미

중국 열대지역이 원산지인 꽃매미가 우리나라에 토착화되었다는 건 이미 우리나라 기후가 아열대기후에 들어섰다는 걸 방증한다. 기후변화로 인한 지구온난화는 꽃매미를 우리나라에서 급증하게 만든 원인이 되었다. 그러나 꽃매미는 1932년에도 우리나라에 살고 있었다고 일본인 곤충학자 '도이'는 기록했다. 그런데 왜 1932년부터 2005년까지는 문제가 없었는데 2006년부터 문제가 된 걸까?

꽃매미는 2006년 이전까지는 우리나라 기후에 적응하지 못 했다. 그러나 2006년에 서울에 유입된 꽃매미는 서울이 살기 적합한 기후로 변했다는 걸 감지했다. 그 틈을 놓치지 않고 우리나라에서 알로 월동하고 봄에 태어나는 토종 곤충행세를 하게 되었다. 2007년이 되자 알집에서 태어난 수많은 꽃매미 약충이 우리나라에 새로운 곤충이 살게 되었다는 걸 널리 알렸다.

꽃매미 약충은 주변의 다양한 수목 사이를 톡톡 튀어 다닌다. 때로는 수목에 떼로 몰려들어 즙을 빠는 흉측한 모습으로 사람들에게 경계심을 불어

넣기도 했다. 털이 많은 징그러운 송충이를 본 것처럼 질색한 사람들은 괴상한 모습에 난리법석을 피웠다. 그러나 때로 예쁜 주홍빛깔의 꽃매미를 호기심 어린 눈빛으로 바라본 사람들도 있었다. 도심지의 가로수와 아파트 관상수에 모여든 꽃매미를 본 사람들은 어떤 생물일까 궁금하게 여겼다. 꽃매미의 색다른 외모가 사람들의 이목을 집중시킨 셈이다.

꽃매미의 애벌레는 모습도 괴상망측하다

그러나 꽃매미에 대한 긍정적인 관심은 얼마 가지 못 했다. 나무를 죽이는 해로운 생물이라는 사실이 널리 알려진 탓이다. 결국 사람들에게 모진 질타의 대상이 되었지만 꽃매미가 우리나라에 살게 된 건 모두 우리 때문이다. 꽃매미가 처음 자리 잡은 곳은 기온이 높고 숲이 훼손된 서울 지역이다. 대부분의 외래 유입종은 생태계가 훼손된 지역부터 자리를 잡는다. 꽃매미도 마찬가지다. 유명한 생태계 위해 종인 황소개구리와 가시박도 훼손된 환경에 가장 먼저 파고들지 않았던가?

꽃매미 역시 생태계에 구멍이 뻥 뚫린 서울 지역을 선택했다. 더욱이 지구온난화로 기온이 높아진 서울은 꽃매미 서식에 가장 좋은 환경이 되었다.

날씨가 더워지면 높은 온도에 잘 적응하는 모기처럼 열대성 곤충인 꽃매미도 극성을 부리고 있다.

꽃매미는 울지 않는다

매미하면 누구나 '우는 소리'를 가장 먼저 떠올리게 마련이다. 그런데, 꽃매미는 소리를 낼 수 없다. 꽃매미는 암수 모두 소리를 내는 발음기관이 없어서 울지 못한다. 암컷 매미처럼 말이다. 매미는 땅속에서 굼벵이로 5~7년을 보낸 뒤에야 어른이 되지만, 꽃매미는 해마다 번식한다. 겨울에는 사마귀 알집처럼 흙무더기 알덩이를 나무에 붙여 산란한다. 기주식물도 다양해서 생존에도 매우 유리하다. 번식력과 생존력이 뛰어나서 갑자기 불어나는 돌발해충이 된 것이다. 봄에 태어난 꽃매미 약충은 점박이 무늬를 갖고 있다. 자라면서 모습이 조금씩 변하고 어른이 되면 날개가 생겨 이동을 잘하게 된다. 꽃매미 같은 매미류 곤충들은 즙액을 빨아먹고 산다. 특히 꽃매미는 약충부터 성충까지 줄곧 과수에 달라붙어 피해를 일으킨다. 과수와 수목의 영양분이 흐르는 체관에 기다란 구침을 찔러 넣어 즙을 빤다.

알로 겨울나기를 하는 꽃매미

영양에 문제가 발생된 나무는 시들시들 말라 죽는다. 더욱이 수액을 많이 빨아먹은 꽃매미는 많은 양의 배설물을 분비한다. 그런데, 나무에 떨어진 배설물은 그을음병과 같은 병해까지 유발시켜 과수를 더욱 괴롭히게 된다. 수액을 빨고 질병을 일으키는 꽃매미는 과실의 품질을 떨어뜨리고 과수를 죽이는 검은 그림자다.

무엇보다 꽃매미가 특별한 해충으로 주목을 받게 된 것은 인간이 좋아하는 과수에 피해를 주었기 때문이다. 2007년 전국에 7ha에 불과하던 꽃매미 피해 면적은 지금 점점 증가하고 있다. 천안, 아산, 연기군 등의 포도나무에 피해를 주던 꽃매미는 이제 전국적으로 확산되었다. 기주식물의 범위가 매우 넓은 꽃매미는 다양한 과실을 넘보고 있다.

떼로 몰려 다니며 흡즙하여 피해를 일으키는 꽃매미 약충

꽃매미로 홍역을 치렀던 과수농가에 새로운 돌발해충 '미국선녀벌레'와 '날개매미충'이 등장했다. 야산에 인접한 사과, 포도 등에서 발생하여 과수농가를 긴장 속에 몰아넣었다. 나무줄기를 고사시킬 뿐 아니라 광합성을 저해시켜 상품성도 저하시킨다. 국내 미기록 종이기 때문에 유입경로, 발생생태, 방제법 등의 정보도 전무한 실정이다. 그래서 더욱 문제가 크다. 방제를 제대로 못해 폐원하는 곳도 늘고 있다. 새로운 해충 매미류의 등장으로 과수농사는 점점 더 힘들어지고 있다.

멸구류와 진딧물류도 꽃매미와 선녀벌레처럼 노린재목에 속하는 해충이다. 벼멸구, 흰등멸구, 애멸구는 꽃매미처럼 중국에서 날아오는 비래해충이다. 해마다 발생이 늘고 있으며 황사 유입량이 늘거나 장마전선을 타고 유입되면 빠르게 퍼져나간다. 벼멸구는 벼, 옥수수, 사탕수수, 피, 바랭이 등의 벼과 식물을 가해한다. 생육이 불량해지면 품질이 떨어지고 수확량이 감소된다. 척박한 토양보다는 비옥한 토양에서 피해가 많고 조생종보다는 만생종 품종이 피해가 크다.

흰등멸구는 벼, 밀, 보리, 조 등의 기주식물에 산다. 매년 6월 중순 이후 중국에서 비래하여 3~4회 발생하면 잎이 누렇게 변하고 전체 포기가 말라죽는다. 애멸구는 국내에 자생하는 종과 중국에서 비래하는 종이 있다. 물론 중국에서 유입되는 애멸구 피해가 더 크다. 흡즙에 의해 줄무늬잎마름병, 검은줄오갈병 같은 병해가 발생된다. 멸구류가 다양한 벼과작물을 기주식물로 삼는 건 문제 없지만 벼가 인간의 주곡 작물이라는 데 문제가 있다.

밭작물에는 매우 유명한 진딧물이 있다. 모습은 매미류와 별로 닮지 않았지만 고추, 토마토, 오이를 비롯한 과채류와 무, 배추 등 주요 채소와 사과, 배 등의 과수까지 발생하여 피해를 일으킨다. 십자화과 채소에는 복숭아혹진딧물, 무테두리진딧물 등이 피해를 일으킨다. 복숭아혹진딧물은 떼 지어 발생하여 잎, 줄기, 꽃, 열매까지 즙을 빤다. 배설물에 의해서 그을음병 등 100여 종의 식물 바이러스 병까지 옮긴다.

목화진딧물은 목화, 가지, 고추, 감자 등의 작물과 오이, 호박, 참외 등의 여러 박과작물에 피해를 일으킨다. 흡즙으로 생육이 지연되고 바이러스 병이 옮겨지면 상품성도 떨어진다. 싸리수염진딧물은 콩, 팥 등의 콩과 작물뿐 아니라 국화, 감자, 아욱, 상추, 양딸기, 구기자 등 약 20여 종의 식물에 발생한다. 흡즙을 통해 콩모자이크바이러스 등 30여 종의 바이러스도 매개된다. 진딧물은 기주범위가 매우 넓기 때문에 작물과 과수를 넘나들며 피해를 준다.

진딧물은 2~3mm 정도의 매우 작은 해충이지만 번식력이 뛰어나다. 심

지어 1년에 23세대를 거친다. 나무의 조피에서 알로 월동한 진딧물은 3월 하순 부화하여 간모가 된다. 간모는 단위 생식으로 1~2세대를 번식하다가 5월 중순경부터 날개 있는 유시충이 생겨난다. 유시충은 여름 기주인 고추, 오이, 감자, 배, 목화 등으로 이동한다. 작물에서 단위 생식을 하다가 늦가을이 되면 다시 유시충이 생겨서 겨울 기주로 날아와서 짝짓기를 하고 월동한다. 기주식물 내 진딧물 밀도가 증가되면 살아남기 위해 진딧물 크기가 작아지고 유시충이 발생하여 다른 기주로 이동한다.

진딧물은 번식력이 좋아서 한꺼번에 대발생한다

돌발해충을 막는 법

꽃매미, 선녀벌레, 멸구, 진딧물은 모두 흡즙을 하는 노린재류의 해충이다. 주둥이로 즙을 빨면 작물과 과수는 건강하게 자랄 수 없다. 말라죽거나 바이러스 감염 등 2차 질병에 걸릴 소지도 높다. 더욱이 떼로 발생할 정도로 번식력이 좋아서 예찰에도 만전을 기해야 된다. 이동성이 매우 좋은 꽃매미는 약제 방제로 효과를 거두기 어렵다. 약제를 뿌리면 야산으로 날아갔다가 약제가 사라지면 다시 돌아온다. 야산에도 먹이가 많기 때문에 생활하는 데 불편함이 없다. 그러다보니 항공 방제도 무용지물이다.

약제 방제 가운데는 꽃매미 알에 뿌려 부화를 막는 약제만 효과가 있다. 그래서 약제 방제보다 맵시벌, 침노린재, 벼룩좀벌 등의 천적방제가 주목받고 있다. 침노린재, 사마귀, 박새는 꽃매미 애벌레와 성충을 잡아먹는 포식곤충이다. 천적 곤충을 대량 증식하면 꽃매미를 친환경적으로 방제하는 아이디어를 얻을 수 있다. 가장 유력한 천적 후보는 다리무늬침노린재다. 파밤나방 유충을 먹고 자랄 수 있도록 대량 증식 기술을 완성시키는 게 관건이다. 대량 사육 기술이 확립되면 다양한 해충들에게 적용시킬 수 있다.

기생벌도 유용한 천적으로 각광받는다. 중국에서는 43.5%까지 꽃매미를 사멸시키는 약충 기생벌을 도입하는 방법이 검토되고 있다. 해충을 자연적으로 조절하기 위해서는 친환경적 방제법이 가장 바람직하다. 그을음병을 유발시키는 꽃매미 배설물 피해를 막기 위해 오염물질을 효과적으로 제거할 수 있는 특수 재질의 '포도봉투'도 요구된다. 기주식물인 가죽나무에 유인제와 약제를 주입해서 방제하는 '꽃매미 유인식물트랩'도 보급하고 있다.

산림과 인접한 단감과원에 발생한 돌발해충 미국선녀벌레는 꽃매미처럼 분산 능력이 매우 좋다. 그래서 활동성이 조금 떨어지는 약충 시기가 효과적이다. 비래飛來 해충이기 때문에 공동 방제가 효과적이다. 꽃매미처럼 피해가 커지지 않도록 농식품부, 농촌진흥청, 기상청, 농협, 작물보호협회, 각 도기술원 등의 전문 기관에서 방제에 힘을 기울이고 있다. 국가 간 정보 공유를 통해서 신속한 조기 방제 체계가 구축되도록 힘을 모으고 있다.

오랫동안 피해를 일으키고 있는 멸구류들은 적기 방제가 매우 중요하다.

자칫 소홀하거나 적용 약제를 뿌리지 않으면 전체 밀도를 줄이기 힘들다. 그렇게 되면 지속적으로 발생되기 때문에 방제하기가 더욱 힘들어진다. 유아등 비래량, 비래 시기, 관찰포, 농가 포장 조사, 생태 변화 추적, 기상요인 등을 종합 분석하여 방제 적기를 정확히 판단하는 것이 중요하다.

진딧물은 화학적 방제법을 흔히 사용하지만 방제가 잘못되면 밀도가 급증한다. 어떤 진딧물 종류인지 알고 방제하는 게 제일 중요하다. 한 가지 약제만 사용하면 약제 저항성이 유발되기 때문에 다른 계통의 약제와 교대로 사용하는 게 좋다. 가해 작물의 잎 뒷면에 발생되기 때문에 적정 희석 배수로 농작물 전체에 골고루 살포해야 효과가 크다. 망사나 비닐 등을 이용해서 진딧물을 차단하거나 키 큰 작물을 심어서 채소밭에 날아드는 걸 줄인다. 진딧물이 싫어하는 백색이나 청색 테이프를 밭 주위에 쳐서 진딧물 비래를 낮추거나 기주식물 혹은 전염원이 되는 작물을 미리 제거하면 효과가 있다.

꽃매미가 큰 피해를 일으킨 포도밭

꽃매미는 생태계 훼손과 기후 변화가 극심한 서울에서 순식간에 자리를 꿰찼다. 가죽나무, 포도나무 등의 수목과 과수에 큰 피해를 주면서 연일 매스컴에 보도되어 해충으로 굳어졌다. 남녀노소 할 것 없이 꽃매미를 보면 해충이라며 밟아 죽인다. 그러나 그렇게 한다고 꽃매미를 다 없앨 수 있을까? 또 없앤다 해도 그 이후엔 아무런 문제가 없을까?

만약 해충을 모조리 박멸할 수 있었다면 바퀴벌레는 이미 지구상에서 멸종했을 것이다. 꽃매미는 바퀴벌레처럼 번식력이 매우 뛰어나다. 특히 외래 돌발해충들은 천적이 없어서 피해가 더욱 크다. 꽃매미는 1년마다 번식하기 때문에 세대를 거듭할수록 숫자도 기하급수적으로 불어난다. 물리적 방법으로 조절되리라고 기대하는 건 어리석은 생각이다. 자연 생태계를 생물 다양성이 풍부한 건강한 공간으로 바꾸는 것만이 자연적으로 꽃매미를 조절하는 최선의 방법이다.

재주 많은 땅속 굼벵이 _ 풍뎅이

구멍 뚫는 돼지벌레 _ 잎벌레

땡땡이 옷을 입은 됫박벌레 _ 무당벌레

도토리과동의 주범 주둥이벌레 _ 거위벌레

감자를 좋아하는 철사벌레 _ 방아벌레

딱정벌레류

03

재주 많은 땅속 굼벵이
_풍뎅이

민속촌 지붕 걷어내는 날

초가 140여 동, 기와 130여 동, 서당, 관아, 저잣거리 등 조선시대 생활상을 재현시키고 있는 곳이 한국민속촌이다. 선조들의 삶을 있는 그대로 보여주는 민속촌에 들어서면 제일 먼저 초가집이 눈에 들어온다. 아파트나 주택에 살고 있는 우리에게는 낯설게 느껴지지만 왠지 푸근한 정경에 마음이 편해진다.

  드라마 〈대장금〉은 1990년대 감소 추세에 있던 외국인 관광객들을 다시 불러들이는 데 한몫했다. 그들은 우리나라 전통문화를 신기한 듯 바라보며 즐거워한다. 특히 볏짚을 정성스럽게 엮어서 만든 이엉을 지붕 아래부터 위쪽까지 곱게 덮은 초가지붕은 우리나라의 독특한 주거 문화를 보여준다. 우리 조상들은 가을걷이가 끝나는 즉시 겨울나기 준비를 했다. 이때 항상 빼놓지 않고 하던 일이 초가지붕 교체다. 초가지붕을 교체하려고 걷어내면 제일 먼저 꼬물꼬물 굼벵이가 눈에 뜨인다.

그러나 초가지붕 아래에서 꿈틀거리는 굼벵이는 우리가 보통 알고 있는 굼벵이 녀석과 달라 보인다. 굼벵이 하면 보통 흙속에서 뒹구니까 몸이 흙투성일 거라고 생각한다. 그러나 초가지붕 아래의 굼벵이는 뽀얗고 하얀 피부를 갖고 있다. 굼벵이가 매미가 되려면 땅속에서 5~7년 동안 살아야 한다. 그러나 초가지붕 아래의 반질반질한 굼벵이는 금방 자라서 흰점박이꽃무지라 불리는 풍뎅이가 된다.

보통 굼벵이하면 매미 애벌레를 생각한다. 그러나 굼벵이는 사실 몸을 둥글게 C자 모양으로 말고 있는 애벌레를 총칭하는 말이다. 한자어로는 굼벵이를 일컫는 '제조'라 한다. 풍뎅이, 사슴벌레, 꽃무지, 장수풍뎅이 등의 애벌레를 모두 굼벵이라 한다. 굼벵이와

굼벵이라고 불리는 흰점박이꽃무지와 매미 탈피각, 등으로 기어다니는 흰점박이꽃무지 유충

닮은 나무속에 사는 하늘소 애벌레는 나무굼벵이라 부른다. 언뜻 보면 누에와 닮았다고 해서 지잠地蠶이라고도 불린다. 하지만 몸길이가 짧고 뚱뚱하며 몸을 둥글게 말 수 있다는 점이 다르다. 매미 굼벵이는 번데기 시기가 없는 불완전 변태를 하지만 흰점박이꽃무지는 번데기를 거치는 완전 변태를 한다.

굼벵이와 관련된 속담과 격언이 많은 것만 봐도 굼벵이에 대한 사람들의 관심이 많다는 걸 알 수 있다. 굼벵이 하면 느릿느릿 기어가는 굼뜬 모습이 가장 먼저 떠오른다. 행동이 굼뜨거나 무능한 사람을 빗대서 "하나같이 굼벵

다양한 모습의 굼벵이들

1	2
3	4

장수풍뎅이, 넓적사슴벌레, 하늘소, 누에

이 같아서 아직 아무도 도착하지 않았다."고 표현한다. 지금도 행동이 느린 사람이나 꾸물거리며 느리게 기어가는 벌레에게는 여지없이 굼벵이라는 별명이 붙는다. 북한에서는 진척이 없거나 매우 느린 것을 비유적으로 "굼벵이가 담벽을 뚫는다."는 말로 표현한다.

그러나 "굼벵이도 구르는 재주가 있다."는 속담도 있다. 무능한 사람도 한 가지 재주는 갖고 있다는 희망적인 메시지다. "굼벵이도 제일 하는 날은 열 번 재주를 넘는다."는 말은 미련한 사람도 자기 일이 급하면 무슨 수를 써서든지 해낸다는 긍정적인 표현이다. "봄에는 굼벵이도 석 자씩 뛴다."는 말은 몹시 바쁜 농사철에는 게으른 사람도 저절로 부지런해진다는 의미를 담고 있다. 남녀노소 할 것 없이 농작물 파종과 이앙 시기로 손이 모자란 봄에는 느림보 굼벵이조차도 덩달아 바빠진다는 뜻이리라.

눈코 뜰 새 없이 열심히 살려고 노력하는 굼벵이지만 몸이 제대로 움직이지 않는다. 흰점박이꽃무지처럼 꽃무지과에 속하는 굼벵이들은 몸통에 비해 다리가 형편없이 짧고 힘이 없다. 도무지 빨리 걸어갈 엄두가 생기지 않는다. 그런데, 이상하게도 볏짚 아래의 굼벵이는 빨라 보인다. 자세히 살펴보니 등으로 기어가는 게 아닌가? 꽃무지 굼벵이들은 앞으로 기어가는 것을 일찌감치 포기하고 등으로 기어가는 방법을 터득했다. 짧고 연약한 다리로 큰 덩치를 지탱하지 못 한다는 걸 깨달은 꽃무지의 지혜가 놀랍기만 하다.

꽃무지가 살아가는 초가지붕 밑은 여름엔 시원하고 겨울엔 포근하다. 여름에는 뜨거운 햇볕을 막아주고 겨울에는 차가운 바람이 스며드는 것을 막아주므로 항상 포근하다. 더욱이 볏짚이 외부의 온도를 차단해 주기 때문에 온도 변화의 영향도 덜 받는다. 무엇보다 먹이가 되는 썩은 볏짚까지 많아서 굼벵이에게는 더할 나위 없이 좋은 서식처가 된다. 그런데 마냥 편안할 것 같던 굼벵이에게도 시련이 찾아왔다. 행복한 생활을 만끽하던 굼벵이에게 초가지붕 교체 작업은 일생일대의 큰 위기다.

민속촌에서는 해마다 초가지붕 갈기 작업을 실시한다. 초가지붕을 교체하면서 굼벵이 잡기, 이엉 엮기, 용마름 틀기, 새끼 꼬기, 온돌방 체험도 함께 진행한다. 여기서 항상 빠지지 않고 등장하는 체험이 바로 굼벵이 잡기다. 수많은 굼벵이가 꿈틀거리면 참가자들은 징그럽다며 고개를 젓는다. 꾸물꾸물 기는 것만 봐도 내 몸 위로 기어가는 것 같다. 그러나 흰점박이꽃무지 유충이 건강에 좋다는 사실이 알려지자 다들 굼벵이 잡기에 열을 올리게 되었다. 굼벵이를 말려서 가루로 만들어 건강식품에 이용하는 탓이다. 굼벵이들이 혹독한 유명세를 치르고 있는 셈이다.

땅속 굼벵이에게도 구르는 재주가 있다

다양한 굼벵이들은 부엽토나 썩은 나무 등의 식물질을 먹이로 삼는다. 그런데, 땅속에서 생활하는 굼벵이는 나무와 농작물의 뿌리를 먹고 살기 때문에 해충으로 간주된다. 농작물을 터전으로 살아가는 굼벵이는 작물에 피해를 준다. 유충 시기인 굼벵이 시기에 피해가 제일 크다. 매미가 굼벵이 시절에 수목의 뿌리를 갉아먹어 수목 해충이 되는 것처럼.

땅속이 생활터전인 굼벵이들은 당연히 작물에 피해를 준다. 특히 검정풍뎅잇과에 속하는 굼벵이들은 농작물 뿌리 근처에서 자주 목격된다. 참검정풍뎅이와 큰검정풍뎅이는 풍뎅이류 중에서 최대 해충으로 손꼽힌다. 큰검정풍뎅이는 주로 땅과 근접한 줄기를 갉아먹고 살며 땅콩과 고구마에 피해를 일으킨다. 파종기에는 피해가 적지만 7~8월 결협기와 등숙 초기에 피해가 크다. 야산의 수목에서 월동하고 땅콩 밭에 2차적으로 나타나 피해를 준다. 땅콩재배가 개간지나 야산까지 확대되면서 굼벵이 피해는 더욱 극심해지고 있다.

큰검정풍뎅이와 참검정품뎅이는 모습이 매우 닮아서 구별하기가 쉽지 않다. 그러나 몸 전체에 광택이 없으면 큰검정풍뎅이고 반질반질한 광택이 있으면 참검정풍뎅이다. 큰검정풍뎅이는 1년에 1회 발생하지만 참검정풍뎅이는 2년에 1회 발생한다. 큰검정풍뎅이는 7월 중순경이 최성기지만 참검정풍뎅이는 5~6월이 최성기여서 발생기가 다르다. 야행성이어서 밤에 잘 활동하며 불빛에 잘 이끌려 날아온다.

고구마에는 오리나무풍뎅이, 구리풍뎅이, 청동풍뎅이 굼벵이가 피해를 일으킨다. 토양 속에서 유충기간을 보내기 때문에 피해 추정도 힘들고 방제도 어렵다. 종령終齡(번데기가 되기 전 마지막 단계의 애벌레) 유충이 흙속에 흙집을 짓고 번데기로 겨울을 지낸 후 이듬해에 성충이 되어 5~10월에 발생한다. 7~8월에 부화한 유충이 생육중인 고구마 덩이뿌리 표면을 갉아먹어 피해를 발생시킨다. 유기물이 많은 식양토와 양토에서는 피해가 많고 모래땅에서는 피해가 적다.

작물 뿌리에 피해를 일으키는 줄우단풍뎅이와 참검정풍뎅이

공원, 하천, 잔디밭, 텃밭, 골프장 등에서는 등얼룩풍뎅이가 발생한다. 1년에 1회 발생하며 6월 하순부터 7월 중순에 주로 발생한다. 주로 낮에 활동하기 때문에 쉽게 관찰된다. 황색 빛깔의 몸에 얼룩덜룩한 무늬를 가졌지만 개

체에 따라 검은색이나 황색을 띠기도 한다. 굼벵이 시절에는 뿌리를 갉아먹어 피해를 주지만 성충은 잎을 먹기 때문에 피해가 거의 발생하지 않는다.

기주식물이 매우 많은 주둥무늬차색풍뎅이는 19과 43종의 식물을 먹고 산다. 사과나무, 배나무, 감나무, 오리나무, 버드나무류, 밤나무, 포도나무, 참나무류, 느티나무, 대추나무 등의 잎을 갉아먹는 과수 및 산림 해충으로 매우 유명하다. 성충은 조경수와 수목의 잎을 갉아먹어 잎맥만 남기는 피해를 일으킨다.

피해를 일으키는 풍뎅이 해충들. 등얼룩풍뎅이와 주둥무늬차색풍뎅이

등얼룩풍뎅이와 주둥무늬차색풍뎅이는 잔디밭 해충으로도 유명하다. 굼벵이는 잔디 뿌리를 갉아먹어 잔디 생육에 지장을 주며 황화현상(식물이 누렇게 변하는 현상)도 발생시킨다. 골프장에서 굼벵이를 조사한 결과 등얼룩풍뎅이, 주둥무늬차색풍뎅이, 밤색우단풍뎅이, 검정풍뎅이, 애우단풍뎅이 외 모두 11종의 굼벵이류가 채집되었다. 그 중 지하부에 가장 큰 피해를 주는 건 등얼룩풍뎅이였다. 등얼룩풍뎅이는 성충과 유충이 모두 잔디밭에 산다. 그러나 녹색콩풍뎅이, 애풍뎅이의 굼벵이는 잔디밭에 살지만 성충은 채소, 콩, 잡곡의 잎을 먹고 산다.

굼벵이는 나방 유충처럼 갑자기 대량 발생하지 않는다. 그러나 서서히 진행된다고 방심하면 정말 위험하다. 일단 한 번 피해가 발생하면 되돌리기 힘들기 때문이다. 작물이 잘 자라는 좋은 토양에는 굼벵이들이 모여든다. 작물을 기르다보면 굼벵이는 당연히 만날 수밖에 없다. 최고의 서식 환경을 갖춘 곳은 굼벵이뿐 아니라 다양한 토양 생물들의 행복한 서식처가 되니까.

주둥무늬차색풍뎅이의 가해모습

꼭꼭 숨어라, 토양 속 숨바꼭질

굼벵이는 토양 속에서 생활하기 때문에 다른 토양해충처럼 방제가 쉽지 않다. 토양에 살충제를 잘 못 쳤다가는 굼벵이는 물론 작물까지도 피해가 우려된다. 살충제의 성분과 피해 범위 등을 꼼꼼히 살펴서 지혜롭게 대처해야 한다. 땅콩에 피해를 주는 굼벵이는 부화시기인 7월 하순부터 8월 상순경에 굼벵이 방지용 약제를 살포하는 게 효과적이다. 토양 살충제를 정식定植(온상에서 기른 모종을 밭에 내어 제대로 심는 일, 아주심기)전에 처리하는 게 기본이며 토양에 충분히 스며들 수 있도록 하는 게 가장 중요하다.

살충제 같은 화학적 방제보다 유인기구를 이용한 친환경 방제법을 이용하면 더 좋은 작물을 수확할 수 있다. 풍뎅이류는 불빛에 유인되는 특성을 갖는다. 유아등을 설치하여 유살시키면 피해를 줄일 수 있다. 그런데, 본래 유아등은 해충 발생 형태와 시기적인 특성을 확인하기 위한 예찰 목적으로 사용되던 기구다. 그러나 현재는 불빛에 유인되는 풍뎅이의 생태적 특성을 방제용으로 활용하고 있다. 특정 해충에 높은 선호도를 갖는 화학적 미끼를 사용하여 유인하기도 한다. 교미하지 않은 암컷의 향기를 낼 수 있는 유인 물질로 수컷을 유인하는 것이다. 먹이의 향기를 낼 수 있도록 해서 암수 모두 유인하여 방제하기도 한다. 생물을 활용한 생물학적 방제법도 널리 활용된다. 그 일환으로 선충nematode을 이용한 굼벵이 방제가 시도되고 있다. 기생 선충은 습한 환경을 필요로 하기 때문에 토양을 촉촉하게 해주어야 한다. 이른 아침이나 저녁 또는 비오는 날이나 흐린 날에 효과적이다. 사용 후에는 반드시 즉시 살수한다. 그러나 아직 선충을 이용한 방제법에는 기술적인 문제가 남아 있는 실정이다. 앞으로는 토양 곤충을 감염시키는 곰팡이를 활용한 진균 방제법도 전망이 있다고 판단된다. 다양한 노력으로 친환경적으로 굼벵이를 조절할 수 있는 방법이 나오길 기대해보자.

보이지 않는 곳에서 피해를 일으키는 굼벵이를 살충제와 유인기구로 모두 막아낼 수는 없다. 다양한 방제법을 활용해야만 효과를 거둘 수 있다. 이때 풍뎅이가 땅속에 알을 낳는다는 점을 주목해야 된다. 그래서 비닐 피복이 매우 중요하다. 비닐 피복 하나만으로도 굼벵이 밀도를 30% 가량 줄일 수 있으니까. 연작을 하면 굼벵이와 병해충 발생이 많기 때문에 윤작(돌려짓기)을 해서 굼벵이 발생을 최소화시켜야 한다.

수분 함량이 많은 미숙 퇴비는 굼벵이 발육과 부화에 도움을 준다. 고구마를 심기 전에는 미숙 퇴비를 삼가야 한다. 굼벵이는 땅속 20~80cm 부위에서 월동한다. 그래서 늦가을에는 경작지를 20cm 이상 깊이 갈면 굼벵이 발생을 줄일 수 있다. 심경(깊이 갈기)은 굼벵이 발생을 줄일 뿐 아니라 생산성을 높이고 품질을 향상시키는 효과가 있다. 그러나 땅의 지력을 약화시키는 문제가 있으므로 신중한 검토가 필요하다. 눈앞에 보이는 해충도 못 막는데 땅속에 숨어 있는 굼벵이는 더더욱 막아내기 어렵다. 다만, 나방 유충에 비해 피해 규모가 작다는 것에 위안을 삼을 뿐이다.

구멍 뚫는 돼지벌레
_잎벌레

달콤한 열매보다 싱싱한 잎!

우리는 건강을 위해서 비타민 C가 풍부한 음식을 챙겨먹는다. 딸기, 토마토, 키위, 파인애플 등의 제철 과일과 고추, 피망, 양배추, 파슬리 등의 신선한 채소에는 비타민이 듬뿍 들어 있다. 새싹 채소와 어린 잎 채소는 일반 채소보다 약 10~30배의 비타민이 들어 있다. 반면, 우리가 즐겨먹는 우유, 육류, 달걀 등에는 비타민이 거의 없다. 그래서 건강을 지키려면 채소 위주로 식습관을 바꾸고, 제철 과일을 충분히 섭취하는 게 좋다.

비타민 C 함량이 많은 새콤달콤한 과일 하면, 제일 먼저 딸기가 떠오른다. 딸기에는 귤이나 사과보다 비타민이 훨씬 더 많이 함유되어 있다. 잃어버린 입맛까지도 찾아주기 때문에 사람들은 딸기를 즐겨 찾는다. 농촌마을 체험에서는 종종 딸기체험 축제를 개최한다. 유기농 딸기를 한 입 베어 물면 입안 가득 퍼지는 상큼함에 기분까지 좋아진다. 상큼한 딸기 향에 마음까지 봄에 물든다.

이토록 맛있으니 딸기에 해충이 꼬이는 건 당연한 일이다. 그런데, 딸기 해충은 딸기 열매보다 딸기 잎을 더 좋아한다. 딸기 잎이라면 사족을 쓰지 못하고 갉아먹는 게 바로 딸기잎벌레다. 몸집은 작지만 단단한 딱지날개를 갖고 있어서 딱정벌레류에 속한다. 이름에서 알 수 있듯이 잎벌레는 풀잎이나 나뭇잎에서 살기 때문에 잎딱정벌레 leaf beetle라 불린다. 한자어로는 엽충葉蟲이라 하고, 쉬지 않고 잎을 갉아먹을 정도로 먹성이 좋아서 돼지벌레라는 별칭도 갖고 있다.

딸기밭 해충인 딸기잎벌레

잎벌레는 몸집이 작은 소형 곤충이다. 몸길이가 보통 1cm 이하인 경우가 많고 1cm를 넘는 경우는 매우 드물다. 그런데 소형 곤충이라도 광택은 나비 못지않게 찬란하다. 녹색, 붉은색, 검은색, 남색, 노란색 등 알록달록한 빛깔과 무늬가 매우 아름답다. 우리나라에만도 약 400여 종이 살 정도로 종류가 다양하다. 우리나라 나비 종류보다 두 배나 많지만 크기가 작아 관심을 기울이지 않으면 잘 발견하지 못 한다.

잎벌레는 공원에서 산책하거나 산길을 오를 때 쉽게 마주치는 곤충 가운

빛깔이 아름다운 잎벌레들. 사시나무잎벌레와 오리나무잎벌레

데 하나다. 가장 쉽게 만나는 잎벌레는 상아잎벌레, 버들잎벌레, 좀남색잎벌레 등이다. 잎을 잘 갉아먹기 때문에 들판이나 숲의 초지대뿐 아니라 작물 주변의 풀밭에서도 흔히 관찰된다. 잎벌레는 잎을 갉아먹는 데 온 신경을 집중시키기 때문에 조심스럽게 다가서면 어떻게 잎을 갉아먹는지 관찰할 수 있다.

강변, 평지, 산지의 숲 가장자리에서 가장 쉽게 발견되는 대표적인 잎벌레는 상아잎벌레다. 호장근, 며느리배꼽, 참소리쟁이 등의 다양한 잎을 갉아먹기 때문에 어디서나 쉽게 만날 수 있다. 버드나무류 줄기에 붙어 있는 버들잎벌레는 무당벌레와 많이 닮아서 헷갈린다. 점무늬까지 있어서 무당벌레라고 착각을 일으킨다. 잎벌레는 식물의 잎을 갉아먹지만 대부분의 무당벌레는 진딧물을 잡아먹는 육식성 곤충이라는 점이 다르다.

풀밭, 강변, 공원의 초지대에 많은 소리쟁이 잎에는 좀남색잎벌레가 몰려든다. 넓적한 풀잎에 다닥다닥 붙어 있는 좀남색잎벌레 유충과 성충은 잎을 갉아먹어 구멍을 낸다. 3월부터 활동하는 좀남색잎벌레 성충은 소리쟁이 잎이 나오기 무섭게 모여들어 잎을 갉아먹고 알을 낳는다. 부화된 유충은 소리쟁이 잎을 떠나지 않고 갉아먹으며 성장한다. 자식을 위해 먹잇감이 풍부한 곳에 알을 낳은 덕분에 좀남색잎벌레 유충은 아무 탈 없이 어른으로 성장할 수 있다.

좀남색잎벌레 유충이 떼로 몰려들어 폭식하면 소리쟁이 잎에는 구멍이 빽빽하게 뚫린다. 넓은 잎에 구멍이 빼곡히 뚫린 모습을 보면 잎벌레가 얼마나 뛰어난 섭식 능력을 갖고 있는지 단번에 알 수 있다. 하루 종일 잎에 붙어 형체를 알아보지 못할 정도로 갉아먹는 경우가 많다. 과연 소리쟁이가 살아남을까 안쓰럽기만 하다. 잔뜩 긴장한 소리쟁이와 달리

주변 숲에서 가장 쉽게 볼 수 있는 상아잎벌레와 버들잎벌레

좀남색잎벌레는 공격을 늦출 생각이 전혀 없는 모양이다. 좀남색잎벌레 유충은 어른이 되기 위해 한 치의 양보도 없이 생존을 향한 집념을 불태운다.

잎을 좋아하는 잎벌레는 농부들에게 심각한 문제다. 녀석들은 더욱이 입맛에 맞는 잎을 발견하면 떼로 몰려들기 때문에 문제가 더 커진다. 다만, 우리나라에 살고 있는 잎벌레 중 작물을 갉아먹는 종류가 많지 않다는 게 다행스러울 뿐이다. 만약 나방 유충처럼 대부분의 잎벌레들이 농작물을 먹이로

삼았다면 나방 못지않은 해충이 되었을 게 분명하다.

다양한 잎벌레들은 종류에 따라 몇몇 좋아하는 먹이 식물만 갉아먹는 경우가 많다. 갑자기 돌변해서 아무 작물이나 피해를 주지 않는다. 한정된 먹이 식물만 갉아먹기 때문에 작물에 피해를 일으키는 잎벌레를 중심으로 주의를 기울이면 된다. 아무거나 잘 먹는 식성을 갖고 있는 노린재와는 전혀 다른 모습이다.

좀남색잎벌레가
소리쟁이 잎을
마구 갉아먹었다

그러나 작물에서 발견한 잎벌레는 일단 의심의 눈초리로 바라봐야 한다. 작물에 잎벌레가 있다는 사실은 그 작물을 먹이 식물로 삼을 가능성이 매우 높다는 뜻이기 때문이다. 특히 작물의 잎을 갉아먹는 잎벌레를 발견했다면 해충이라고 보면 틀림없다. 무엇보다 먹이 식물을 발견한 잎벌레는 좀처럼 자리를 떠나지 않는다. 한 곳에서만 자리 잡고 계속 갉아먹는 습성이 있어서 큰 문제가 된다.

잎딱정벌레는 작물의 잎을 더 좋아한다

식물을 삶의 터전으로 삼는 잎벌레는 작물, 과수, 수목, 들풀 등의 잎이나 줄기를 갉아먹고 산다. 작물을 갉아먹는 잎벌레는 십중팔구 해충이다. 종류마다 식성이 다양해서 각기 다른 식물을 갉아먹고 산다. 잎벌레 중에는 한 가지 식물군만 먹는 경우도 있고, 여러 가지 식물군을 골고루 먹고 사는 경우도 있다.

좀남색잎벌레(마디풀과), 파잎벌레(백합과), 버들잎벌레(버드나무과), 십이점박이잎벌레(장미과)는 오로지 한 가지 먹이 식물군에 올인 한다. 그러나 콜체잎벌레는 국화과, 콩과 식물을 모두 먹고 살며 오이잎벌레는 박과, 콩과, 석죽과를 모두 잘 먹는다. 딸기잎벌레는 국화과, 마디풀과, 석죽과, 앵초과, 장미과에 모두 서식한다. 이처럼 잎벌레는 먹이 식물의 범위가 다양하기 때문에 작물뿐 아니라 다양한 들풀과 산지에서도 쉽게 볼 수 있다.

요즘 잎벌레가 작물로 극성스럽게 모여드는 건 숲이 훼손되고 있다는 증거이다. 산야에는 배부르게 먹을 식물이 부족하기 때문에 농작물로 모여드는 것이다. 숲에 먹이가 없어 농가로 내려오는 멧돼지와 고라니처럼. 그러니 굶주린 산야의 잎벌레들이 먹이를 쉽게 찾을 수 있는 텃밭이나 시설하우스로 향할 수밖에. 먹이가 많은 농작물은 잎벌레들이 살기 좋은 천국이다.

작물의 잎에 구멍이 뚫리면 생육에 지장이 생긴다. 그런데, 잎벌레는 유충뿐 아니라 성충까지도 직접적으로 작물을 갉아먹는다. 유충 시기에만 피해를 주는 나방과는 매우 다르다. 성충과 유충의 먹이가 똑같기 때문에 피해가 지속적이다. 더욱이 1년에 3~4세대를 거치기 때문에 피해는 1년 내내 계속된다. 먹이 식물에서만 살면서 작물을 계속 괴롭히기 때문에 피해가 끊이지 않는 것이다.

딸기 향이 퍼지면 딸기잎벌레도 잠에서 깨어난다. 낙엽이나 마른 잎에서 월동을 마치고 드디어 활동을 시작한다. 딸기잎벌레는 탐스럽게 열린 딸기에는 관심이 없다. 오로지 딸기 잎으로만 몰려든다. 유난히 잎에만 집착하는 모습만 봐도 잎딱정벌레라 불리는 이유를 짐작할 수 있을 것이다. 알에서 부화된 애벌레는 본격적으로 딸기 잎을 갉아먹는다. 처음에는 잎 뒷면부터 갉안 먹지만 발동이 걸리면 점차 잎에 커다란 구멍이 뚫린다. 무엇보다 무리지어 갉아먹는 유충시절에는 피해가 크게 발생한다. 딸기가 어떻게 되든지 아랑곳하지 않고 왕성하게 잎을 공격한다. 앞 뒤 가리지 않고 먹어대는 통에 피해는 눈덩이처럼 불어난다.

딸기잎벌레가 딸기 잎에 매력을 느낀다면 벼룩잎벌레는 채소를 좋아한다. 가을이 되면 벼룩잎벌레들이 배추 사이를 톡톡 뛰어 다닌다. 마치 벼룩이 튀는 것처럼 배추 위를 점프하며 이동한다. 딱지날개에 황색의 세로띠 무늬가 있어서 줄무늬배추벼룩딱정벌레 Striped cabbage flea-beetle 라고 불린다.

벼룩잎벌레는 발생하는 채소에 따라 배추벼룩잎벌레, 무벼룩잎벌레 등의 별칭이 있다. 배추벼룩잎벌레는 배추, 무, 양배추 등의 십자화과 작물의 잎을 식해한다. 낙엽, 풀뿌리, 흙덩이 틈에서 월동한 후 3월 중순부터 활동하며 4월이 되면 작물의 뿌리나 얕은 흙속에 150~200개의 알을 낳는다. 생육 초기에 뚫린 작은 구멍은 자라면서 점점 커진다. 그로 인해 상품 가치는 하락한다.

벼룩잎벌레 유충은 땅속에서 배추, 무의 뿌리 표면을 불규칙하게 갉아먹어서 흑부병을 유발시킨다. 성충은 어린 묘에 발생하여 피해를 일으킨다. 1년에 3~5회 정도 발생하기 때문에 늦은 봄부터 초가을까지 벼룩잎벌레 피해는 그치지 않고 계속된다. 특히 김장배추의 어린 묘가 자라는 시기가 가장 피해가 크기 때문에 철저한 예찰이 필요하다.

오이잎벌레는 박과 작물의 잎을 좋아한다. 풀뿌리 사이, 흙덩이, 나무의 갈라진 틈에서 월동하고 4월부터 활동한다. 부화된 유충은 처음엔 작은 뿌리를 가해하지만 점차 큰 뿌리까지 갉아먹는다. 뿌리에 피해가 발생하면 작물은 시들시들 말라죽는다. 오이잎벌레 성충도 수박, 오이, 참외, 호박을 갉아먹어 동그란 모양의 식흔을 만든다. 특히 어린 묘를 가해하면 생육이 저해되어 문제가 발생된다.

벼를 좋아하는 벼잎벌레는 벼와 잡초까지도 갉아먹는다. 성충과 유충 모두 피해를 주지만 유충 시기가 피해가 훨씬 더 크다. 벼잎벌레 유충은 잎살을 갉아먹어 초기생육에 문제를 일으킨다. 백색의 식흔은 점차 갈색으로 변하며 고사된다. 산간 고냉지와 남부 지리산 주위에 발생이 매우 많다. 그러나 벼멸구, 벼물바구미, 먹노린재, 흑다리긴노린재처럼 벼에 큰 피해를 주지는 않는다.

고추냉이에는 좁은가슴잎벌레, 아스파라가스는 아스파라거스잎벌레, 참마는 붉은가슴잎벌레, 감자는 감자잎벌레류가 피해를 준다. 농작물에 피해를 주면 작물 해충이 된다. 그러나 상대적으로 나방이나 노린재에 비해 피해 규모가 작은 편이다. 또한 유명한 해충에 비해서 작물을 섭식하는 능력과 대규모 번식 능력이 부족해서 피해가 적다는 것이 다행이다.

다양한 작물에 구멍을 뚫는 잎벌레들. 검정오이잎벌레, 남방잎벌레, 크로바잎벌레

잎만 갉아먹는 잎벌레 활용법

먹보 잎벌레를 방제하는 가장 대표적인 방법은 역시 약제 살포다. 딸기잎벌레는 개화 초기부터 예찰을 해서 피해가 우려되면 즉시 살충제를 살포하는 게 가장 효과적이다. 5~7일 간격으로 2~3회 뿌려야 효과가 더욱 좋다. 벼룩잎벌레도 생육 초기 방제가 중요하다. 씨를 뿌리기 전에 토양에 약제 처리하여 땅속의 유충을 제거하는 것도 필요하다. 싹튼 후에도 성충의 발생 정도를 예찰하여 잡초의 줄기와 잎에 제초제를 살포하는 게 좋다.

잎벌레에 피해를 입은 작물

오이잎벌레는 발생이 적어서 별로 문제가 없지만 간혹 성충이 피해를 일으키면 약제를 살포한다. 벼잎벌레는 약제에 대한 감수성이 높아서 단 한 번의 약제 처리만으로도 효과적인 방제가 가능하다. 산란 초성기 및 부화 최성기인 못자리 말기나 본답 초기에 희석제 농약을 줄기와 잎에 살포하거나 이상 시에 입제 농약을 유묘幼苗(seedling, 어린 모종)에 처리하면 피해를 쉽게 막을 수 있다.

잎벌레는 작물 해충으로 크게 주목받지 못하고 있다. 농작물을 좋아하는 종류가 적기 때문이다. 그러나 오로지 잎만 갉아먹는다는 특성 때문에 농약을 대신하는 자원이 되고 있다. 작물의 잎을 갉아먹는 잎벌레를 이용해서 잡초를 제거할 수 있다. 목초지, 하천 주변, 텃밭 등에서 흔히 관찰되는 돌소리쟁이는 뿌리가 잘려도 다시 살아날 정도로 생명력이 강하다. 목초지의 가장 큰 골칫덩어리 돌소리쟁이를 자생곤충인 좀남색잎벌레와 분홍무늬들명나방으로 박멸할 수 있다.

좀남색잎벌레는 줄기와 뿌리까지 침투해서 잡초를 고사시킨다. 오로지 소리쟁이속* 잡초의 잎과 줄기만 즐겨 먹을 정도로 기주식물의 폭이 매우 좁다. 소리쟁이만 먹기 때문에 다른 작물에는 전혀 피해가 없다. 분홍무늬들명나방도 줄기와 꽃대를 먹기 때문에 다른 사료용 풀에게는 전혀 해가 없다. 좀남색잎벌레와 분홍무늬들명나방은 텃밭 주변에 나타나도 전혀 문제가 없다. 배추, 딸기, 오이 등의 농작물은 쳐다보지도 않기 때문에 위험성이 전혀 없다. 오로지 잡초만 제거하는 살아 있는 제초제 역할만 충분히 감당할 뿐이다.

농진청에서 돌소리쟁이가 퍼진 목초지 1천m^2에 600마리의 좀남색잎벌레를 방사했다. 그 결과 80% 이상의 방제 효과를 거뒀다. 분홍무늬들명나방은 돌소리쟁이의 꽃대를 즐겨먹어 번식을 막는 데 효과가 있었다. 대부분의 축산농가 목초지는 야산에 위치하고 있다. 특히 돌소리쟁이는 분포 면적이 광범위해서 방제에 어려움이 많았다. 그러나 토종 곤충 좀남색잎벌레를 활용하여 환경 위해성 없이 잡초 방제 효과를 극대화시킬 수 있다. 잎만 갉아먹는 잎벌레의 생태적 특징을 잘 활용하면 다양한 분야에 사용할 수 있다. 다른 생각을 하지 않고 오로지 잎만 갉아먹는 먹보 잎벌레가 축산 농가의 희망으로 부상하고 있다. 친환경 농업 실현에 먹보 잎벌레가 크게 기여할 날이 앞당겨졌으면 좋겠다.

땡땡이 옷을 입은 됫박벌레
_무당벌레

이름도 다양한 무당벌레

아름다워지고 싶은 욕망은 끝이 없나 보다. 외모 콤플렉스에 고민하는 사람부터 더 아름다워지고 싶은 사람에 이르기까지 성형 수술을 선택한다. 최근에는 성형 미인들이 매스컴에 연일 보도되면서 성형 미인이 대중화되고 있다. 못생긴 외모는 더 이상 괴로워할 문제가 아니다. 마음만 먹으면 언제든 바꿀 수 있는 세상이 되었다.

성형을 여성의 전유물로 여기던 옛날과 달리 최근 수많은 남성들도 성형 대열에 합류했다. 취업 대란에 직면한 젊은 현대인들에게 외모의 중요성은 날로 높아지고 있다. 비슷한 스펙을 갖고 있는 취업 응시생에게 면접은 합격을 가늠하는 매우 중요한 절차다. 혹시 나쁜 인상이 당락을 좌우할까봐 응시생들은 성형을 결심한다. 신뢰감 주는 외모와 예쁜 외모로 자신감을 찾으려는 사람들은 꾸준히 성형외과를 찾는다. 성형은 매우 힘든 일이지만 성형을 통해 자신감을 찾는다면, 그래서 미래가 바뀔 수 있다면 긍정적으로 검토해야 할 일이다.

그런데, 성형 수술 중 실패 확률이 높거나 부분적으로밖에 할 수 없는 가장 어려운 부분이 있다. 바로 밖으로 튀어나온 뒷박이마다. 뒷박이마는 광대뼈를 깎는 것보다 훨씬 더 어려운 수술이다. 뒷박은 되 대신 부피를 잴 때 쓰던 바가지로 박을 반으로 쪼개서 엎어 놓은 바가지를 이른다. 홉⒮, 되⒥, 말⒯, 섬⒡처럼 곡물, 간장, 술 등의 부피를 잴 때 쓰던 기구다.

재래시장에서 콩과 멸치를 파는 할머니가 한 되를 수북이 담아 내준다. 이때 '되'가 없다면 바가지를 사용하는데, 그 바가지를 '뒷박'이라고 부른다. 그런데 밭에 가면 뒷박을 엎어 놓은 것처럼 생긴 벌레를 심심치 않게 만날 수 있다. 뒷박처럼 생긴 벌레가 기어가는 모습을 보고 농부들은 뒷박벌레 또는 바가지벌레라 불렀다. 바가지를 엎어 놓은 것처럼 생긴 벌레가 바로 무당벌레다. 표주박을 엎어 놓은 것처럼 생겼다고 해서 한자어로는 표충瓢蟲이라고 부른다. 표주박이나 바가지 모두 곡식의 양을 재는 되의 대용품이었기 때문에 무당벌레를 본 사람들이 비슷한 모습을 상상했다는 걸 알 수 있다. 반원 모양의

동그란 모습의 귀여운 무당벌레

무당벌레를 본 사람들은 됫박, 바가지, 표주박 등을 머리에 떠올리며 무당벌레를 불렀을 것이다.

　북한에서는 점무늬가 많은 무당벌레를 '점벌레'라고 부른다. 무당벌레가 미신적인 요소인 '무당'을 연상시킨다는 이유 때문에 북한에서는 그렇게 부르는 모양이다. 북한 체제에서는 신앙적인 요소를 연상시키는 것을 모두 금한다. 그래서 1990년대부터 이름을 바꾸었다. 점벌레는 불룩 솟은 딱지날개에 반점무늬가 가득한 무당벌레의 특징을 매우 잘 표현한 이름이다. 일본에서는 풀잎 위를 향해 하늘로 올라가는 무당벌레의 모습을 보고 천도충天道蟲이라 부른다.

　그렇다면 왜 우리는 무당벌레라 부르는 걸까? 아마 무당처럼 화려한 옷을 입고 있다고 해서 붙여진 이름일 것이다. '무당'과 '벌레'가 결합된 이름으로 잎사귀에 앉아 있는 모습이 무당이 옷을 입고 있는 것처럼 화려하다고 생각했기 때문이리라. 됫박벌레나 점벌레보다는 더욱 도시적인 이름이다. 풀잎 위에 앉아 있는 무당벌레는 빛깔이 화려해서 도드라진다. 무당벌레처럼 무당개구리와 무당거미도 화려한 몸 빛깔을 갖고 있어서 그런 이름이 붙었다.

　프랑스 사람들은 무당벌레를 '하느님이 주신 좋은 생물'이라 했다. 독일에서는 '성모마리아 딱정벌레'라 불렀다. 중세 유럽에서는 포도 농사를 짓던 농사꾼들이 진딧물 때문에 농사를 망치게 된 적이 있다. 그때 신에게 도움을 구하면서 기도했더니 기적처럼 딱정벌레들이 나타나 진딧물을 모두 잡아먹었다. 사람들은 기뻐하면서 딱정벌레를 향해 '동정녀 마리아'라고 외쳤단다. 인도에서는 무당벌레가 행운을 가져다준다며 성스럽게 여긴다. 무당벌레가 됫박벌레, 점벌레, 천도충, 성모마리아딱정벌레처럼 다양한 이름을 갖게 된 것도 그만큼 사람들의 관심 대상이 되었다는 증거 아닐까?

무당벌레의 붉은 딱지날개는 굿판에 나와 춤추는 무당의 옷을 연상시킨다. 그런데 왜 무당벌레는 눈에 잘 뜨이는 화려한 옷으로 치장한 걸까? 빨간 옷은 천적들에게 쉽게 발각되기 때문에 매우 위험한데도 그처럼 화려한 빛깔을 뽐내고 있으니 이상한 일이다. 하지만 무당벌레는 오히려 천적의 눈에 뜨이길 원한다. 붉은 옷은 천적들에게 두려움과 경계심을 유발하여 접근을 꺼리게 만든다. 천적들은 무당벌레를 제일 먼저 발견하지만 다가설 생각은 결코 하지 못 한다.

칠성무당벌레는 붉은 빛으로 천적의 경계심을 유발한다

두 얼굴의 무당벌레가 사는 법

무당벌레의 붉은 딱지날개는 천적들을 향한 경고 표시다. 붉은 날개로 포즈를 취한 무당벌레는 경고색을 뽐내며 "나는 정말 맛이 없어요. 잘못 먹으면 배탈이 날 수 있어요."라고 외친다. 새가 잡아먹은 곤충을 조사한 결과 무당벌레는 거의 드물었다. 보지 못해 잡아먹지 못 하는 게 아니라 보고도 안 잡아먹는다. 어쩌다 잘못 잡아먹은 것 외에는 거의 먹지 않았다는 뜻이다.

또한 천적이 등장하면 무당벌레는 불쾌하고 냄새 나는 노란색 방어 물질을 내뿜어 쫓아낸다. 지독한 냄새로 천적들의 식욕을 떨어뜨리고 자신을 효과적으로 방어하는 것이다. 무당벌레가 모인 따뜻한 곳에서는 방어 물질 때

천적으로부터 자신을 보호하기 위해 무당벌레를 닮아버린 짝퉁무당벌레들. 십이점박이잎벌레와 열점박이별잎벌레

문에 지독한 냄새가 난다. 게다가 붉은 빛깔의 경고색을 본 천적들도 접근 자체를 꺼린다. 무당거미와 무당개구리도 경고색을 통해 무서운 천적에게 맞선다.

무당개구리는 뱀과 새를 만나면 붉은 배를 노출해서 위협한다. 경고색은 천적으로부터 자신을 보호하는 무기가 된다. 그래서 어떤 곤충들은 무당벌레의 모습을 닮는다. 무당벌레처럼 위장하면 조금이라도 자신을 보호할 수 있다는 걸 알고 있나 보다. 십이점박이잎벌레, 열점박이별잎벌레 등은 무당벌레와 빛깔이 닮아 가짜 무당벌레 행세도 한다.

동글동글 무당벌레는 귀여운 곤충의 대명사다. 그러나 겉보기와 달리 무당벌레의 식성은 몹시 우악스럽다. 무당벌레는 식물은 거들떠보지 않는다. 하루 종일 진딧물처럼 작은 곤충들을 찾아다니며 닥치는 대로 잡아먹는 무시무시한 소형 포식자다. 하루에도 수백 마리의 진딧물을 잡아먹는다. 성충뿐 아니라 유충까지도 뛰어난 사냥꾼이다.

갓 부화된 어린 유충은 작은 진딧물부터 노리며 사냥 실력을 키운다. 몸집이 점점 커지면 큰 먹잇감까지 노린다. 무당벌레는 풀밭의 진정한 사냥꾼이 되기 위해 어릴 때부터 실력을 키운다. 풀밭의 소형 곤충들에게는 무당벌레가 숲속 호랑이나 표범처럼 두려움의 대상이다. 하지만 무당벌레는 농부들에게는 매우 고마운 존재다. 농사에 피해를 주는 골칫덩어리 잎벌레 유충과 다닥다닥 붙어서 즙을 빨아먹는 진딧물을 줄기차게 먹어주니까.

무당벌레는 풀줄기와 풀잎에 달라붙은 진딧물을 잡아먹으려고 매우 바쁘다. 무당벌레가 등장하자 진딧물은 잔뜩 긴장한다. 하루에 200여 마리 이상의 진딧물을 잡아먹고 살며 일생 동안 5천여 마리 이상 잡아먹는다. 무당벌레 유충이 많은 곳은 진딧물의 번식처라고 보면 된다. 해충을 잘 잡아먹는 무당벌레는 인간에게 매우 유익한 곤충이다. 약제 방제 없이 농약의 효과를 발휘하기 때문에 생물 농약이라고도 부른다.

그러나 진딧물 귀신 무당벌레를 쉽게 활용할 수 있는 곳은 집 안의 화분뿐이다. 베란다에서 기르는 화분에서 발견된 진딧물은 무당벌레 몇 마리로 해결할 수 있다. 진딧물이 많은 곳 주변만 돌아다니며 잡아먹기 때문에 방제 효과도 매우 좋다. 그러나 밭에 기르는 작물에 대한 천적 곤충 방제는 여전히 연구 중이다.

무당벌레는 작지만 포식성이 매우 강한 곤충이다. 자신과 같은 동료 무당벌레 유충까지도 서로 잡아먹는다. 사슴벌레 유충끼리 서로 물어죽이거나 육식성 곤충 길앞잡이가 동료를 죽이는 동종 포식을 하는 것이다. 자연에서는 강한 자만 살아남는다는 법칙을 성실히 따르고 있는 셈이다.

강한 포식자 무당벌레는 전 세계에 4500여 종, 우리나라에 약 90여 종이 살고 있다. 칠성무당벌레, 무당벌레, 꼬마남생이무당벌레, 남생이무당벌레, 달무리무당벌레 등을 가장 쉽게 만날 수 있다. 덩치가 큰 남생이무당벌레는 진딧물을 아무리 먹어도 늘 배가 고프다. 또한 겨울이 되면 무당벌레들은 바

천연기념물 남생이의 등판 무늬를 가진 남생이무당벌레와 칠성무당벌레 유충

위틈이나 집 주변에 함께 모여 성충으로 월동하는 습성이 있다. 한 장소에서 400만 마리까지 발견되는 경우도 있다.

무당벌레는 익충일까, 해충일까?

귀여운 모습의 동글동글 무당벌레는 소형 포식자다. 무당벌레가 잡아먹는 소형 곤충 중에는 해충이 매우 많다. 그래서 농부들에게는 무당벌레가 매우 고마운 익충이다. 그러나 무당벌레들은 종류마다 먹이가 달라서 많이 다르다. 잎벌레처럼 잎을 갉아먹는 무당벌레도 있으니까 말이다. 딱지날개에 까만 점무늬가 28개 박혀 있는 큰이십팔점박이무당벌레가 대표적인 해충이다. 왕무당벌레붙이라는 이름으로 불리던 큰이십팔점박이무당벌레는 보통의 무당벌레와 비슷해 보인다. 점이 많은 것은 무당벌레와 닮았지만 점의 수를 세어보면 일반적인 무당벌레보다 훨씬 더 많다는 걸 알 수 있다.

큰이십팔점박이무당벌레는 진딧물을 잡아먹는 대신 작물의 잎을 탐낸다. 진딧물을 포식하는 용맹함은 찾아볼 수 없다. 그저 잎벌레처럼 잎사귀에 붙어 작물만 갉아먹을 뿐이다. 가지, 토마토, 고추, 감자 등 가지과 작물에 붙어서 줄곧 잎을 갉아먹는다. 특히 그 중에서도 감자를 좋아해서 큰감자무당벌레Larger potato ladybeetle라고도 불린다.

큰이십팔점박이무당벌레는 감자, 가지, 고추 등의 가지과 작물뿐 아니라 오이, 피망, 구기자나무, 까마중까지 기주

감자, 가지, 토마토 등에 큰 피해를 일으키는 큰이십팔점박이무당벌레

식물로 삼는다. 그래서 밭작물을 기르는 곳뿐 아니라 산야에서도 볼 수 있다. 성충과 유충 모두 작물의 잎을 갉아먹으며 봄부터 늦가을까지 계속 피해가 발생된다. 유충은 담황색 빛깔의 등판에 수많은 나뭇가지 모양의 가시돌기가 방추형으로 뾰족뾰족 돋아 있다. 성충 못지않게 작물의 잎을 갉아먹어 피해를 일으킨다.

큰이십팔점박이무당벌레가 작물을 갉아먹고 나면 그물 모양의 흔적이 남는다. 갉아먹은 식흔 주변은 점차 갈색으로 변하다가 마침내 구멍이 뚫린다. 심하면 엽맥만 남고 모조리 피해를 입게 된다. 성충으로 월동하며 1년에 3회 출현하기 때문에 나방 유충처럼 피해가 지속된다. 1회 성충은 6월 하순부터 7월에, 2회 성충은 7월 하순에서 8월 상순, 3회 성충은 9월 상·중순에 출현한다.

큰이십팔점박이무당벌레는 작물이 자라는 전 시기에 걸쳐 발생한다. 잎 뒷면에 10여 개씩의 난괴로 약 450여 개의 알을 낳는다. 부화된 유충은 한 달 정도 자라면 금방 성충이 된다. 큰이십팔점박이무당벌레와 닮은 이십팔

큰이십팔점박이
무당벌레의 유충
과 피해를 입은
작물 모습

점박이무당벌레도 기주식물이 똑같다. 그러나 이십팔점박이무당벌레는 주로 남부지역에 국한되어 분포하기 때문에 중부지역에서는 거의 큰이십팔점박이무당벌레를 보게 된다.

우리나라에서 식물을 먹고 사는 무당벌레는 90여 종 중 5종 정도에 불과하다. 작물을 갉아먹기 때문에 큰이십팔점박이무당벌레는 해충으로 분류된다. 1970년대 이후부터는 해충을 죽여 생산성을 향상시키기 위해 농약과 비료를 대량 살포했다. 그 결과 생태계가 파괴되어 먹이사슬에 큰 문제가 발생했다. 더욱이 적응력 강한 곤충은 농약에 저항성을 갖게 되었다. 아무리 독한 농약을 뿌려도 거뜬히 살아남는 강인한 해충으로 변한 것이다. 살충제를 뿌리는 방법으로는 해충을 잡지 못하고 더 큰 문제만 일으킨다.

고독성 농약이 살포되면서 자연계에 살고 있는 천적들까지도 피해를 입었다. 살충제 때문에 천적이 줄자 오히려 잡초처럼 강인한 해충들은 다시 급증했다. 천적이 줄면서 문제가 없었던 곤충마저 해충으로 둔갑했다. 결국 독한 살충제가 여러모로 피해를 주는 악순환만 반복시킨 셈이다. 무당벌레 같은 천적이 잘 살 수 있도록 유지시키는 것은 이런 맥락에서 가장 중요하게 다루어져야 한다. 천적이 회복되면 생태계의 먹이사슬도 금방 회복되고, 해충의 수가 자연적으로 조절될 것이다. 그러면 생태계의 평형이 유지되고 피해도 줄어든다.

무당벌레는 진딧물, 깍지벌레, 잎벌레를 잡아먹는 천적 곤충으로 가치가 높다. 19세기 미국에서는 귤나무를 해치는 이세리아깍지벌레를 없애기 위해 호주에서 베달리아무당벌레를 수입해서 성공을 거두었다. 그러나 아직 국내에서는 갈 길이 멀다. 천적 곤충 연구를 시작한 지 얼마 되지 않아서 여전히 미흡한 상황이다. 특히 친환경 농사를 짓는 농부들은 농약을 무분별하게 사용할 수 없다. 꼭 뿌려야 된다면 천적에게 피해가 없는 선택성 농약이나 저농약을 사용한다.

해충이 살고 있는 곳에는 천적들도 많다. 천적에게 영향을 주는 살충제를 줄이면 천적들은 되살아난다. 천적이 늘면 해충을 잘 잡아먹기 때문에 해충 발생을 자연적으로 줄일 수 있다. 천적이 다시 돌아온다면 친환경 농사에 청신호가 켜진다. 다가올 친환경 농업시대에 꼭 필요한 친환경적 방제법이 될 수 있도록 다양한 연구가 필요하다.

도토리 파동의 주범 주둥이벌레
_거위벌레

반달가슴곰이 때 이른 겨울잠에 빠진 이유

반달 모양의 무늬가 있는 반달가슴곰은 겨울잠에 들기 전까지 체중을 60kg 이상 불린다. 겨우내 아무것도 먹지 않기 때문이다. 커다란 바위틈이나 속이 텅 빈 나무 안으로 들어가서 봄이 될 때까지 기다려야 하기 때문에 몸에 영양분을 축적해야 된다. 그런데 요즘엔 겨울이 채 되기도 전에 반달가슴곰들이 겨울잠에 들어간다. 이상하다. 왜 겨울 준비를 하다말고 20일이나 먼저 겨울잠에 들어가는 것일까?

정답은 하나, 바로 겨울 식량으로 가장 중요한 도토리가 줄었기 때문이다. 예년보다 도토리의 수확량이 70% 가량 줄어들었다. 반달가슴곰 복원을 위해 지리산에 방사된 멸종 위기 종인 반달가슴곰은 낯선 환경에 적응하기도 빠듯하다. 그런데 먹이가 되는 도토리가 줄면서 안정적으로 생활하기가 더욱 힘들어졌다. 도토리 결실이 좋지 못하자 반달가슴곰은 어쩔 수 없이 겨울잠에 일찍 들어가게 된 터. 도토리 부족 현상으로 인한 피해가 반달가슴곰에게까지 고스란히 돌아갔다.

도토리는 상수리나무, 신갈나무, 떡갈나무, 갈참나무, 졸참나무 등의 참나무류 수목의 열매를 일컫는 말이다. 가을이 되면 울창한 숲에는 도토리가 풍성하게 열린다. 숲 속의 귀염둥이 다람쥐는 도토리를 줍기 위해 바쁘게 움직인다. 후드득 떨어지는 도토리를 주워 겨울식량으로 사용하려고 열심히 움직인다. 아무에게도 들키지 않게 열심히 숨기고 또 숨긴다.

도토리 파동에 가장 타격을 입는 것은 다람쥐다

비상식량은 배고픈 다람쥐에게 금은보화와 같다. 도토리를 주워가는 경쟁자인 사람만 없다면! 물론 도토리 채취는 국립공원 단속대상이지만 아직도 도토리 채취는 줄지 않고 있다. 다람쥐가 미처 거두어 가지 못 한 도토리는 봄이 되어 새로운 생명을 탄생시킨다. 그러나 이렇게 중요한 도토리가 실종되었다.

산림청에서 도토리 채집량을 측정한 결과 2006년 102만 4599kg이었던 도토리가 60만 6733kg으로 감소했다. 비교적 생산량이 많은 지리산의 채집량도 예년의 절반에 못 미친다. 도토리가 줄자 반달가슴곰은 이른 동면을 택했고, 먹이를 구하지 못한 다람쥐들은 발만 동동 구르게 되었다. 도토리는 반달가슴곰, 다람쥐뿐 아니라 원앙과 어치 등 많은 동물의 주요 먹이다. 인간에게 쌀과 같은 존재가 야생동물에게는 도토리인 셈이다.

도토리 부족으로 동물들의 월동 준비는 순조롭지 못하다. 산야에 먹이가 부족해지자 배고픔을 참지 못한 야생 동물들이 농가로 내려와 난동을 부리는 일도 잦아졌다. 도로까지 내려온 야생 동물은 로드킬로 자동차와 부딪쳐 뜻밖의 사고를 당하기도 한다. 도토리 부족으로 야생 동물들의 고민은 이만저만이 아니다.

도토리 생산에 발목을 잡은 가장 중요한 요인은 봄철 이상 저온현상과 여름철 집중호우다. 꿋꿋하게 잘 자라는 참나무도 최악의 환경 변화를 이겨내지 못했다. 인간에게 배추파동을 가져다준 환경 변화가 야생 동물들에게는 도토리 파동을 겪게 한 것이다. 생태계를 마구 뒤흔드는 도토리 파동으로 생태계의 생물들은 위기에 빠지고 말았다. 도토리가 잘 여물지 못해 흉작이 되자 수많은 야생 동물들은 배고픔에 시달리며 겨우 버티고 있다.

도토리거위벌레는 도토리 가지를 잘라서 피해를 일으킨다

도토리 파동을 일으킨 또 다른 주범이 있다. 산을 오르다 보면 길가에 참나무 가지가 잘린 채 떨어져 있는 걸 자주 발견한다. 가지를 툭 잘라 떨어뜨린 건 누굴까? 아직 덜 익은 풋 도토리를 마구 잘라서 땅에 떨어뜨리는 건 도토리거위벌레다. 요즘 부쩍 많아진 청설모를 향해 눈총을 주지만 피해를 일으킨 주인공은 정작 도토리거위벌레다.

도토리거위벌레는 산란할 때가 되면 도토리에 구멍을 뚫고 알을 낳는다. 알을 낳은 가지는 반드시 잘라서 땅에 떨어뜨린다. 떨어진 도토리에는 바늘 구멍만 한 작은 구멍이 있다. 까만 점처럼 보이는 도토리는 도토리거위벌레가 뚫어놓은 자국이다. 떨어뜨린 나뭇가지는 칼로 자른 것처럼 매우 정교하다. 덜 익은 도토리는 전분이 부족해서 야생 동물들은 좀처럼 먹으려 들지 않는다. 다만 도토리거위벌레 유충은 물렁물렁해서 먹기 좋다.

도토리거위벌레는 도토리가 채 익기 전에 잘라서 땅에 떨어뜨린다. 떨어진 참나무 가지에 달린 도토리 속에서는 1주일 정도가 지나면 도토리거위벌레가 부화한다. 태어난 유충은 3주일쯤 지나서 도토리를 뚫고 나와 땅속에 들어가 겨울나기를 한다. 도토리가 채 여물기도 전에 잘라버리는 도토리거위벌레는 도토리 수확을 방해하는 훼방꾼이다. 특히, 상수리나무와 신갈나무는 열매가 커서 피해가 더욱 심하다.

도토리거위벌레가 알을 낳은 후 떨어뜨린 참나무 가지

도토리거위벌레는 지구온난화가 반갑다

몸길이가 1㎝ 정도밖에 되지 않는 소형 곤충의 솜씨는 놀랍다. 최근에는 울창한 숲뿐 아니라 동네 뒷산의 참나무 가지도 많이 떨어지고 있다. 해마다 도토리거위벌레가 늘고 있다는 증거다. 참나무 가지가 떨어지면서 도토리 수확에 문제가 커지고 있다. 도토리에 구멍을 뚫고 잘라 떨어뜨리는 도토리거위벌레는 도토리파동에 한몫을 하고 있다.

도토리거위벌레는 등껍질이 딱딱한 딱정벌레목 거위벌렛과의 곤충이다. 1980년대 중반부터 도토리거위벌레가 번성했지만 최근 지구온난화로 날씨가 따뜻해지면서 더욱 극성을 부리고 있다. 겨울철 평균기온이 상승하면서 토양 온도는 계속 상승하고 있다. 높은 토양 온도는 도토리거위벌레 성장과 생존에 알맞은 환경이 되었다. 겨울철 도토리거위벌레 유충은 땅속 8~10cm에서 동면하니까 말이다. 따뜻할수록 월동하는 데 유리한 환경이 되어 생존 확률이 높다.

서울의 관악산과 남산, 충남의 공주를 대상으로 신갈나무 도토리 결실률을 조사해보았다. 충분히 익어서 떨어지는 도토리가 매년 감소하는 추세다. 2006년 1㎡당 41개였던 결실률이 35개, 39개, 28개, 27개로 매년 줄어들고 있다. 도토리거위벌레가 알을 낳아 떨어뜨리는 도토리가 매년 2~5% 늘고 있는 것과 깊은 관계가 있다.

도토리거위벌레 서식처도 점점 확장되고 있다. 1998년에는 지리산 해발 800m까지 분포했지만 1000m까지 올라갔고, 한라산에도 2001년 해발 700m에서 900m로 넓어졌다. 도토리거위벌레의 번성은 최근 5년 동안 도토리 결실률은 현격히 떨어뜨렸다. 20년생 나무 한 그루에 약 1천 개 정도 열리는 도토리 중 20%가 피해를 입고 있는 실정이다.

도토리 생산량이 급격히 줄면서 산야의 야생 동물들은 먹고 살 식량이 현격히 줄어들었다. 우리가 먹고 있는 도토리묵도 대부분 중국산이다. 도토리를 맺는 참나무가 다른 수목에 비해 풍년과 흉년의 격차가 크다고 해서 안심하지만 해마다 지속적으로 줄고 있는 건 분명히 문제가 있다는 이야기다. 지금처럼 생산량이 계속 줄어들면 야생 동물의 생존에 큰 영향을 미칠 게 틀림없다.

거위벌레 중에는 유실수를 가해하는 복숭아거위벌레도 있다. 아름다운 금속성 광택이 도는 복숭아거위벌레는 복숭아, 매실, 배나무의 꽃봉오리, 어린 눈, 잎, 과실에 구멍을 내고 갉아먹는다. 이들이 과실 표면에 구멍을 뚫고 20~50개 정도 알을 낳으면 낙과되어 피해를 입는다. 과실수의 주요 해충으로 취급되었지만 화학 농약에 민감해서 최근에는 발생량이 많이 줄어들었다.

도토리거위벌레, 복숭아거위벌레처럼 주둥이가 발달한 주둥이거위벌레와는 달리 거위를 빼닮은 거위벌레도 있다. 동그랗고 뚱뚱한 엉덩이, 짧은 다리를 가진 왕거위벌레는 정말 거위를 빼닮았다. 서양에서는 잎을 잘 만다고 해서 잎말이딱정벌레라 부르고 일본에서는 말아 올린 잎을 떨어뜨리는 것이 신기해서 물건을 떨어뜨린다는 의미의 '오또시부미'라 불린다. 잎을 말아 올리는 거위벌레는 도토리거위벌레처럼 특별한 문제를 일으키는 해충은 아니다.

잎을 둥글게 말아 올려서 요람을 만드는 왕거위벌레

북한에서는 거위벌레와 바구미를 하나의 그룹으로 생각한다. 그래서 거위벌레를 '몽똑바구미'라 부른다. 우리나라도 거위벌레와 바구미를 함께 바구미상과의 곤충으로 취급한다. 바구미상과에는 소바구밋과, 주둥이거위벌렛과, 거위벌렛과, 바구밋과, 왕바구밋과, 창주둥이바구밋과 등 다양한 바구미들이 대거 포함된다. 바구미는 거위벌레보다 주둥이가 길쭉해서 코끼리벌레라 불린다. 언뜻 보면 개미를 잘 잡아먹는 개미핥기와도 닮았다.

다양한 모습의 바구미들. 왕바구미, 흑바구미, 털보바구미

바구미는 수목이 아닌 작물에 피해를 일으킨다. 채소바구미(배추), 흰줄바구미(우엉), 애등근흑바구미(땅두릅), 딸기꽃바구미(딸기), 벼물바구미(벼) 등은 주요 작물 해충이다. 채소바구미 유충은 십자화과 작물의 생장점 부근을 갉아먹어 피해를 준다. 딸기꽃바구미 성충은 꽃대를 잘라서 피해가 발생된다. 벼물코끼리벌레라 불리는 벼물바구미는 야산에서 월동한 뒤 논으로 이동하여 성충이 엽맥을 갉아먹는다. 벼물바구미 유충이 뿌리를 갉아먹어 피해를 일으키면 출수가 지연되고 벼알이 제대로 여물지 못한다.

왕바구밋과의 어리쌀바구미는 저장 곡물 해충으로 유명하다. 유충은 곡류의 내부를 식해하면서 성장한다. 유충과 성충 모두 쌀, 보리, 밀, 수수, 옥수수 등에 피해를 준다. 쌀바구미의 호흡에 의해 수분이 높아지고 열이 발생하면 쌀이 변질되거나 부패된다. 곡식의 양적 질적 손실이 발생되어 품질은 더욱 저하된다.

거위벌레 물리치기 대작전

도토리거위벌레는 동물들의 식량을 가로채고 있다. 반달가슴곰의 월동을 방해하고 있지만 뚜렷한 대책이 없다는 게 안타깝다. 소나무재선충, 솔잎혹파리 등 9개 주요 해충에 대한 방제 지침만 있을 뿐 도토리거위벌레에 대해 실질적으로 대처하지 못하고 있다. 도토리 채집 시 고발 조치하고 과태료를 부과할 뿐 구체적인 방제 대책은 없다. 근본적인 대책 없이 흘러가다보니 도토리 결실은 현저히 줄어들었다.

벼물바구미를 방제하려면 이앙 초기부터 예찰이 필요하다. 토양 내 시료 채취, 식흔 조사, 묘판을 놓아 유인하는 유묘 트랩, 발생지에서 채집하는 포충망 조사, 불빛으로 유인하는 유아등 조사 등을 통해 정확하게 예찰해야 된다. 이앙 전 기계 이앙 상자에 벼물바구미 도열병 입제 농약을 골고루 뿌려 모내기하면 효과가 있다. 종자 표면에 살균제, 살충제, 기피제 등의 분을 바르는 종자분의 種子粉衣(seed dressing)도 좋은 방법이다.

최근에는 벼물바구미를 95%까지 친환경 방제하는 방법이 개발되었다. 멀구슬 추출물을 입제화시켜 모내기 당일 상자에 뿌려주면 방제에 드는 노동력까지도 절감된다. 나무 추출물을 사용하는 친환경적 구제 방법이어서 효과가 매우 좋다. 논에 물을 말리는 방법도 있지만 우렁이를 기르면 적용이 힘들다. 천적인 미꾸라지를 이용하거나 벼물바구미 성충이 싫어하는 애기똥풀녹즙을 논둑 가까이 뿌려도 도움이 된다.

무엇보다 벼물바구미에 내성을 가진 저항성 벼품종의 개발이 제일 중요하다. 북미가 원산지인 벼물바구미는 경제적 손실이 매우 크다. 미국 루이지애나 남서부는 생산량의 25%가 피해를 보고 있다. 살충제에 의존했지만 발생량이 많고 살충제 저항성까지 발달되어 더욱 힘들어졌다. 벼물바구미에 저항성을 갖는 벼 품종을 찾으려고 루이지애나주립대학교 농업센터 연구팀이 연구하고 있다.

도토리거위벌레는 작지만 강한 해충이다. 잘 보이지 않아서 사람들은 관심이 별로 없다. 그러나 피해가 더 확산되기 전에 대책 마련이 시급하다. 뒷짐만 지며 떨어지는 참나무 가지를 바라보는 현실이 안타깝다. 일단 떨어진 나뭇가지를 모아서 태우는 일부터 해야 된다. 도토리거위벌레의 1차적인 번식부터 막아야 하니까. 그러나 도토리거위벌레는 번식을 위해 애쓰는 것뿐이다. 일부러 숲을 망가뜨리기 위해 하는 일은 결코 아니다.

도토리거위벌레의 본능이 수많은 야생 동물들을 굶주림 속에 몰아넣었다. 도토리거위벌레가 참나무 숲에서 적당히 살아가는 건 전혀 문제가 없다. 하지만 기후 변화로 변화된 환경에서 꾸준히 늘어나다보니 문제 해충이 되고 말았다. 생태계의 동식물들에게 발생한 피해는 다시 인간에게 돌아오게 마련이다. 지구온난화로 인한 기후 변화는 모두 인간이 저지른 일이다. 숲의 가치를 전혀 모르는 사람처럼 도토리의 소중함도 점점 잊히고 있다. 자연의 이치를 따르며 더불어 살아야 하는 걸 인간만 아직도 모르는 걸까?

감자를 좋아하는 철사벌레
_ 방아벌레

뒤집기의 지존 철사벌레의 방아 찧기

일본 대지진 발생으로 방사능이 유출되면서 자연 재해 공포가 더욱 더 확산 되고 있다. 백두산 화산 폭발 징후로 북한 핵시설과 우리나라 핵발전소 안정 성까지도 주요 관심사가 되고 있다. 천안함 사건과 연평도 포격 사건으로 불 안한 정국이 이어지던 우리에게 자연 재해는 또 다른 두려움으로 다가오고 있다.

한국 전쟁 이후 60여 년이 지난 지금 북한의 식량난은 매우 심각하다. 굶 주린 북한 주민들은 흰쌀밥에 고깃국 먹어보는 게 소원이다. 세계 여러 국가의 지원 없이는 배고픔을 달랠 수 없다. 쌀 대신 강냉이와 감자를 주곡 작물로 권장할 만큼 악화된 상황이다. 간식으로 먹는 찐 감자가 북한 주민에게는 주식이다. 한때는 옥수수로 만든 강냉이죽이 주식이었다. 그러나 1990년대 후반 대규모 식량난을 겪으면서 식용 옥수수 종자가 사라져 주곡 작물을 감자로 바꾸었다.

북한에서는 대량 생산과 가공 기술 개발을 통해 감자를 안정적으로 공급하려고 노력하고 있다. 주민들에게도 주식이 쌀이 아니라 감자라고 무리한 교육까지 강행하면서. 북한 교육 전문잡지인 《인민교육》에서는 실습과 시범 교육을 통해 감자 가공법을 가르치고 있다. 고랭지가 많은 량강도와 함경남도에 대규모 감자 산지를 조성하고 국제 교류, 신품종 개발을 통해 식량난을 해결하려고 힘쓰고 있다.

지구촌에서 감자를 주식으로 하는 국가가 과연 있을까? 안데스 산지의 원주민 빼고는 감자를 주식으로 하는 나라가 없다. 감자는 쌀이나 밀이 부족해서 흉년이 될 때 어쩔 수 없이 먹으려고 심는 구황작물이니까. 그런데, 북한에서는 감자와 고구마 같은 구황작물을 주곡작물로 삼았다. 이것만 보아도 북한의 식량난이 얼마나 심각한지 알 수 있을 것이다.

감자밭에 감자꽃이 활짝 피었다

풍족한 생활을 누리는 국가에서는 감자의 인기가 별로 높지 않다. 그러나 감자는 보기엔 못생겼어도 영양가만큼은 타의 추종을 불허하는 건강식품이다. 단백질은 흰쌀의 약 1.2배, 비타민 C는 사과의 3~10배가 들어 있다. 뿐만 아니라 철Fe, 인P, 칼슘Ca 등의 미네랄도 풍부하다. 각종 암과 성인병을 예방하고 해독작용, 노화방지 그리고 다이어트 효과까지 두루 갖고 있다. 특히 감자의 전분은 상처를 보호하는 성분이 있어서 위염과 위궤양에 치료 효과를 보인다.

감자는 된장처럼 알칼리 음식이다. 산성화된 체질을 개선하여 질병을 줄여주는 효과가 있다. 섬유질이 풍부해서 미세 혈관에 있는 노폐물까지 청소한다. 고혈압, 당뇨병, 동맥경화, 심근경색, 간염, 아토피, 변비, 피부미용 등에 매우 좋은 건강식품이다. 감자는 기근을 이겨내고 좋은 간식거리도 되어준다. 다양한 음식에 들어가 감초 역할도 톡톡히 한다. 찌개, 조림, 볶음, 튀김에 빠지지 않고 들어가며 감자밥, 수제비, 감자떡, 국, 조림, 부침개, 버무리, 경단, 송편, 술 등 아주 다양하게 활용된다.

감자는 인간뿐 아니라 다양한 생물들에게도 인기가 좋다. 감자 열매는 야트막한 땅속에 열리기 때문에 감자를 좋아하는 생물 역시 땅속에서 생활한다. 토양에서 식물의 지하 부위를 가해하는 대표적인 해충으로 철사벌레wireworm가 있다.

몸이 기다란 철사벌레

원통형 철사벌레는 다 자라면 껍질이 단단한 방아벌레가 된다. 방아벌레는 단단한 딱지날개를 갖고 있는 딱정벌레류의 곤충이다.

방아벌레는 땅에 떨어져 뒤집히면 일어나려고 발버둥 친다. 그러나 안타

깝게도 다리가 짧아서 쉽게 일어나지 못한다. 기운이 빠졌는지 잠시 다리를 움츠리고 가만히 있다. 그러나 곧 방아벌레만의 특유한 동작으로 톡 하고 튀어 올라 몸을 뒤집는 데 성공한다. 다리를 움츠린 후 몸을 활처럼 구부려 툭 하고 소리를 내어 공중으로 튀어 오르는 것이다. 마치 방아를 찧는 동작처럼!

　이처럼 독특한 뒤집기 솜씨를 본 사람들은 방아벌레라는 이름을 붙여주었다. 그런데 서양 사람들은 뛰어오르는 솜씨보다 점프할 때 딸각하는 소리를 내는 데 더 마음이 끌렸나보다. 딸깍 하는 소리가 마치 마우스를 클릭할 때 나는 소리와 닮았다고 해서 클릭비틀스click beetle라고 부르는 걸 보면 말이다.

뒤집어진 몸을 바로잡으려고 잔뜩 움츠린 방아벌레

　방아벌레는 4.5mm 정도의 소형 꼬마방아벌레부터 22~27mm의 왕빗살방아벌레까지 크기가 천차만별이다. 방아벌레 유충인 철사벌레는 가느다란 철사처럼 생긴 애벌레로 크기가 10~20mm 정도로 종류마다 크기와 빛깔이 다양하다. 우리나라에 살고 있는 방아벌레는 약 100여 종으로 종류가 다양한 만큼 식성도 각기 다르다. 숲에서는 대유동방아벌레가 가장 흔히 관찰된다. 몸 빛깔이 붉은 빛깔을 갖고 있어서 무당벌레처럼 눈에 잘 뜨인다. 나뭇잎이나 풀잎에 앉아 있다가 무언가 이상한 낌새를 눈치 채면 어김없이 땅으로 추락한다.

다양한 방아벌레들

1	2
3	4

크라아츠방아벌레, 대유동방아벌레, 왕빗살방아벌레, 진홍색방아벌레

청동방아벌레, 감자와 사랑에 빠지다

감자 재배지에서 가장 문제가 되는 해충 중 하나가 철사벌레다. 특히 딱정벌레목 방아벌렛과에 속하는 청동방아벌레 유충은 감자에 큰 피해를 일으킨다. 청동방아벌레 유충은 기다란 원통형 몸에 황갈색 광택이 나는 단단한 표피를 갖고 있다. 성충이 되면 15mm 정도의 청동색 광택을 갖는 납작하고 딱딱한 방아벌레가 된다. 토양 속에서 월동하다가 토양 온도가 18℃에 이르면 표토 5~20cm 위까지 올라와서 감자의 괴경塊莖(덩어리 모양을 이룬 땅속줄기) 속으로 파고든다.

기다란 모양의 철사벌레는 마치 작은 지네처럼 보인다. 그러나 지네 같은

감자에 피해를 일으키는 청동방아벌레

다지류의 절지동물은 마디마다 다리가 달려 있어서 약 30여 개의 다리를 갖고 있다. 그러나 철사벌레는 딱정벌레류의 곤충이기 때문에 다리가 3쌍뿐이다. 어른이 된 청동방아벌레는 5월 상순에서 6월 하순에 짝짓기하여 산란한다. 부화한 유충은 땅속에서 2~5년 동안 생활하면서 감자 또는 식물의 뿌리를 가해한다.

철사벌레는 감자에 크고 작은 구멍을 뚫어놓는다. 어린 감자의 표면을 갉아먹다가 중앙까지 파고든다. 철사벌레의 습격을 받은 감자는 상품성과 저장성이 떨어져서 문제가 된다. 파종한 씨감자에 철사벌레가 침입하면 생육이 불량해진다. 성충이 되려면 2~5년 걸리기 때문에 감자의 줄기와 뿌리에 피해를 발생시키는 기간이 매우 길다. 더욱이 철사벌레는 어른이 되기 위해서 앞뒤 가리지 않고 열심히 먹어댄다.

철사벌레 외에도 감자에 피해를 주는 해충은 매우 다양하다. 감자나방이라 불리는 감자뿔나방은 가지, 감자, 토마토 담배 등의 가지과 작물에 해를 입히는 세계적인 해충이다. 나비목 뿔나방과에 속하며 유충이 가지과 식물의 잎, 줄기, 덩이줄기 등을 가해한다. 특히 어린작물의 경우 생장점까지 파고들어 피해가 몹시 심각하다. 엽육(잎살)속에 겉껍질만 남기고 식해하면 피해 부위가 투명해져서 바람에 부서져버린다.

감자뿔나방 유충은 저장 중인 감자 속까지 파고들어 그을음 같은 똥을 밖으로 배출한다. 유충이 자랄수록 배출되는 똥도 커지고 덩이줄기 표면에 주름도 생긴다. 다 자란 유충은 가해 부위에서 나와 감자 표면의 틈이나 흙 표면, 낙엽 밑 같은 곳에 백색의 고치를 만들어 번데기가 된다. 연중 6~8회 발생하며 감자에서 월동까지 하기 때문에 피해가 지속된다. 고온 건조한 조건에서 번식률이 더욱 높다.

큰이십팔점박이무당벌레는 성충과 유충 모두 감자, 가지, 토마토, 고추 등 가지과 식물의 잎을 가해한다. 철사벌레가 감자 괴경을 가해한다면 큰이십팔점박이무당벌레는 감자의 잎을 갉아먹는다. 그물모양의 식흔을 발생시켜 피해를 일으킨다. 벼룩잎벌레 성충은 감자 잎에 작은 구멍을 만들고 유충은 뿌리와 괴경을 가해한다. 괴경에 터널이 생기고 건부병균, 무름병균 같은 질병이 발생되어 상품성이 떨어진다.

청동방아벌레, 감자뿔나방, 이십팔점박이무당벌레, 진딧물 등 50여 종의 다양한 해충은 감자에 발생한다. 그리고 감자바이러스병, 감자역병, 감자부패병, 더뎅이병 등의 20여 가지 병해도 발생한다. 충해와 병해로 감자를 기르는 건 힘들지만 중요한 식량 자원을 지키기 위해 농부들은 땀을 흘리고 있다.

못생겨도 괜찮아, 건강에 좋으니까!

철사벌레를 예방하려면 토양 살충제를 씨감자 파종 직전에 토양에 전면 살포하고 경운한 후 파종하는 게 가장 좋다. 수확 후 땅이 얼기 직전에 20cm 이상 밭을 깊게 갈아주면 땅속 월동 유충을 추위에 노출시켜 동사시킬 수 있다. 이때 토양에 전면 처리해야 효과가 좋다. 감자뿔나방은 1970년대 근절되었다고 생각했지만 1978년 감자, 담배 등에서 다시 발생하여 확산되는 중이다. 수확 전 해충의 밀도를 낮추고 산란을 방지하는 방법이 좋다. 작물의 생육 중에는 저독성 농약으로 방제하고 저장 중에는 훈증 소독을 실시한다.

감자는 안데스 산맥이 원산지로 밀과 쌀 다음으로 중요한 식량 작물이다. 식량 자원뿐 아니라 기아 해결 작물, 다이어트 식품으로도 날로 각광받고 있다. 극지방과 고산지대를 제외하고는 어디에서나 재배가 가능하기 때문에 감자를 수확하는 나라가 매우 많다. 우리나라도 구황작물로 들어왔지만 이제는 강원도를 비롯한 산간지역 사람들의 밥상에서 빼놓을 수 없는 음식이 되었다.

동양보다는 서양에서 많이 재배하지만 최근에는 가공 산업의 발달로 감자 수요가 급증하고 있다. 비타민을 함유한 저칼로리 식품으로 다른 채소와 달리 열을 가해도 쉽게 파괴되지 않는다. 40분 이상 삶거나 구워도 70% 가량 남아 있다. 그래서 감자를 '땅속의 사과'라고 부른다. 하루에 두 개만 먹어도 비타민 C의 필요량을 모두 채워준다.

감자를 즐겨 먹는 국민들은 영양 결핍이 없어서 장수를 누린다. 100세가 넘는 노인이 많아 장수의 나라로 잘 알려진 폴란드, 불가리아, 에콰도르 등의 국민들에겐 감자를 많이 먹고 산다는 공통점이 있다. 매일 한 개 이상의 감자를 꾸준히 먹으면 건강에 매우 이롭다. 미국 스미소니언 연구소 헨리 홉 하우스는 콜럼버스의 신대륙 발견 이후 '역사를 바꾼 5가지 씨앗' 중 하나로 감자를 꼽았다. 인류를 기아에서 구해낸 감자의 공로를 높게 평가하면서.

감자는 가뭄과 장마에도 매우 강하고, 땅을 갈지 않고도 재배가 가능하다. 생육 기간도 짧아서 기르기 용이하다. 땅속줄기의 끝부분이 부풀어 오른 덩이줄기를 먹는다. 뿌리에 열매가 달리는 고구마와 다르다. 고랭지에서 잘 재배되는 작물로 우리나라에서는 강원도가 가장 적합한 지역이다. 그래서 강원도 하면 제일 먼저 감자를 떠올리게 된다.

강원도 감자는 우수한 상품성에도 불구하고 제대로 평가를 받지 못하고 있다. 그래서 감자의 가치와 인지도를 높이기 위해서 다양한 방법을 모색하고 있는 중이다. 심포지엄을 개최하고, 문학 작품과 연계시켜 상징성을 부여하고, 관광 상품으로 만드는 스토리텔링 작업도 꾸준히 병행해야 할 것이다. 파종에서 수확까지 전 과정을 체험하는 등 다채로운 체험 행사를 통해 관광객을 불러 모아야 한다. 화장품, 건강 기능식품 등 가공 분야를 확대하여 농가 소득 창출도 적극적으로 도모해야 할 것이다.

구황작물이라는 기존의 인식을 개선할 때 감자의 성공 가능성은 한층 높아진다. 국내 감자 파종 기술을 북한과 기아 국가에 지원하면 식량난 해결에도 기여할 수 있다. 감자가 평화의 매개체가 될 수 있다는 의미다. 우리나라를 대표하는 강원 감자가 가진 우수한 효능과 문화적, 평화적 의미를 포괄하는 통합 브랜드화를 통해 소비자의 인지도를 확보하고 우수 품종을 개발하는 데도 힘써야 한다. 강원 감자를 현대인이 선호하는 웰빙 식품으로 추진하는 건 미래 지향적인 방법이다.

뛰어난 가치를 갖고 있는 감자를 수확하여 다양한 곳에 활용한다면 매우 좋은 일이다. 그러나 감자 수확량을 좋게 하려면 감자 재배법과 품종 개량이 필요하다. 더욱이 철사벌레, 감자뿔나방, 큰이십팔점박이무당벌레, 진딧물 등의 방제와 병해 예방 기술도 발전시켜야 한다. 가느다란 철사벌레가 감자에 몰려드는 건 영양분이 가득해서다. 철사벌레 성장에 좋은 감자는 사람들의 건강도 지켜주는 좋은 음식이다. 건강에 좋은 웰빙 식품 감자를 통해 전 세계 사람들의 건강을 지켜 나갈 수 있기를 기대해본다.

인삼밭의 진짜 심마니 _ 땅강아지

작물에 나타난 황충의 떼 _ 메뚜기

잎에 굴 파는 잎 광부 _ 잎굴파리

숲을 병들게 만든 산림해충 _ 잎벌

보이지 않는 미소해충 _ 응애류

04
그 밖의 곤충류 절지동물

인삼밭의 진짜 심마니
_땅강아지

인삼을 좋아하는 곤충 심마니

심봤다! 심봤다! 심봤다! 산삼을 발견한 심마니는 하늘의 도우심에 감사하며 '심봤다!'를 세 번 외친다. 주위에 있던 사람들은 산삼을 발견한 심마니가 산삼을 모두 표시할 때까지 기다린다. 심마니는 산을 돌아다니며 산삼을 캐는 것을 직업으로 삼는 사람이다. '심'은 산삼, '메'는 산, '마니'는 사람을 뜻하는데, 때로는 '심메마니'라고 부른다.

예로부터 우리나라에는 개마고원, 강원도, 지리산, 덕유산 일대의 깊고 험준한 산악지대에 심마니들이 많이 살았다. 1990년대 초반 강원도 인제 지역만 해도 심마니가 70~80여 명 살고 있었다. 심마니들은 명약 중 으뜸으로 꼽히는 산삼을 발견하려고 애를 쓰지만 산삼은 심마니조차 쉽게 발견할 수 없는 귀중한 보물이다. 그래서 산삼을 인공적으로 재배하기 시작했고, 이렇게 재배된 게 바로 '인삼'이다.

예로부터 인삼은 매우 귀중한 산물이었다. 고려인삼은 삼국시대부터 공물이나 왕실의 재정 확보를 위해 사용되었다. 고려시대에는 국가의 중요 무역품이었고, 조선시대에는 인공재배와 홍삼가공 기술 발전으로 인삼교역이 차지하는 비중이 매우 높았다. 17세기 후반에는 일본, 조선, 중국을 잇는 동아시아 삼국교역의 핵심이 되었다.

뿌리 모양이 사람처럼 생긴 인삼은 효험이 있다고 믿어서 신초神草라고 불린다. 그러나 사실 약효는 자연 상태에서 자란 산삼에 훨씬 못 미친다. 그래서 산삼 씨를 산에 뿌려 장뇌삼을 재배한다. 하지만 인삼이 장뇌삼보다 널리 보급될 수 있다는 장점이 있으므로 지금까지도 사랑받는 것이다. 특히, 땅에서 캐낸 인삼을 쪄서 말린 붉은 빛깔의 홍삼은 건강식품으로 인기가 매우 높다.

『신농본초경神農本草徑』에는 인삼이 오장伍臟의 양기를 돋우어주는 좋은 약제라고 써 있다. 정신을 안정시키고, 눈을 밝게 하고 지혜롭게 한다. 암세포 증식 및 성장을 억제하며 부작용을 줄여주고 환자의 조기 회복에 도움을 준다. 면역 기능도 회복시킨다. 또 항피로, 항노화, 고혈당억제, 단백질합성 촉진, 항상성유지, 해독작용도 한다. 허약체질, 피로, 식욕부진, 구토, 설사 등에 좋다.『본초강목本草綱目』등의 수많은 한의서에 약효와 처방이 기술되어 있을 만큼 한의학 처방의 중심 역할을 하는 상약上藥이다.

건강에 인삼이 좋다는 걸 누구보다 잘 알고 있는 녀석이 드디어 인삼밭에 나타났다. 두더지와 지렁이처럼 땅을 잘 파며 뛰어다니는 땅강아지다. 짧

발발거리며 기어
다니는 땅강아지

은 다리와 길쭉한 몸매만 봐도 강아지를 연상시키기에 충분해서 일명 땅개 또는 땅개비라 불린다. 다리가 워낙 빠르고 빨리 땅을 파고 들어가기 때문에 조금만 방심해도 놓치기 일쑤다. 땅강아지는 땅속에 지름 2.5mm의 알을 200~350개 낳는다. 산란된 알은 16~36일이 지나면 부화되어 성충과 닮은 땅강아지가 태어난다.

    땅속에는 알과 애벌레를 노리는 천적이 많다. 특히 두더지 같은 천적들이 잘 잡아먹기 때문에 부모는 땅강아지에게 먹이를 물어다 주며 다 성장할 때까지 돌본다. 먹이를 먹고 자라서 네 번 허물을 벗으면 드디어 어른이 된다. 그러나 다 자라도 몸길이가 3cm에 불과할 정도로 매우 작다. 작은 몸집을 가졌지만 몸길이의 다섯 배에 해당하는 15cm까지 땅을 파고 들어간다.

땅강아지가 땅을
재빨리 파고 들어
가고 있다

좌우로 펼칠 수 있는 앞다리와 삽날처럼 생긴 종아리는 땅을 파는 데 안성맞춤이다. 순식간에 몸을 세워 땅속으로 파고들어가는 솜씨는 가히 일품이다.

    산너머에서 심봤다 소리가 울려 퍼져도 인삼밭 땅강아지는 무덤덤하다. 오로지 좋아하는 인삼만 먹으려고 발발대며 기어갈 뿐이다. 땅강아지는 메뚜기목 땅강아지과에 속하는 곤충으로 먹이를 씹어 먹을 수 있는 입을 가졌다. 땅강아지는 벼메뚜기가 벼를 선택한 것처럼 인삼을 선택했다. 다만, 워낙 먹성이 좋아서 쉬지 않고 엄청나게 먹어댈 뿐이다. 땅굴파기 명수가 인삼밭을 온통 헤집어 놓으면 난리가 난다.

그러나 인삼을 잔뜩 먹은 땅강아지는 힘이 더욱 좋아진다. 혹시 순식간에 땅을 파고 들어가는 힘이 인삼의 힘은 아닐까? 기운이 솟아나는 인삼을 매일 먹고 사니 어찌 보면 당연한 결과일지도 모른다. 그러나 귀중한 인삼에 해를 끼치는 땅강아지 때문에 인삼 재배 농민들은 골머리를 앓는다. 주로 땅 속에서 생활하기 때문에 발견하기도 어렵고 가해 상황을 정확히 알기도 힘들기 때문이다.

땅강아지는 농부들에게 고민을 안겨주지만 토양 생물들에게는 매우 큰 도움을 주는 생물이다. 여기저기 들썩거리며 흙속을 헤집어 놓으며 땅속에 공기를 불어넣어준다. 빗물, 곰팡이, 세균 등도 살 수 있게 되어 생물이 숨쉴 수 있는 좋은 토양이 된다. 땅굴파기 선수 때문에 흙속에 공기가 잘 통하면 토양이 기름지게 유지된다. 땅강아지는 좋은 토양을 만드는 데 큰 도움을 주는 지렁이와 함께 공기 순환에 중요한 역할을 한다.

지렁이는 땅을 기름지게 만든다

땅강아지와 귀뚜라미는 인삼밭의 악동이다

토양은 모든 생물들에게 꼭 필요한 삶의 터전이다. 곤충의 95%는 알, 애벌레, 번데기, 성충을 거치는 곤충의 일생 중 얼마 동안은 반드시 토양 속에서 산다. 특히 토양 곤충인 땅강아지는 오염된 토양에서는 살 수 없다. 토양은 땅강아지의 밝은 미래를 보장하는 최고의 서식처이자 은신처가 된다.

땅강아지는 인삼뿐 아니라 벼, 맥류, 두류, 감자, 수수, 마, 채소 등의 지하부와 지표부를 가해한다. 다양한 작물을 먹고 살기 때문에 인삼이 없어도 땅강아지는 살 수 있다. 그러나 땅강아지는 어떤 작물보다 인삼을 매우 좋아해서 인삼 해충으로 유명하다. 땅강아지가 유명한 인삼 해충은 맞지만 인삼밭에는 그 밖에도 다양한 해충들이 출현한다.

1984년부터 1993년까지 인삼 포장에서 피해를 일으키는 해충을 조사했다. 땅강아지, 큰검정풍뎅이, 참검정풍뎅이, 큰다색풍뎅이, 애우단풍뎅이, 방아벌레, 왕귀뚜라미, 조명나방, 숯검은밤나방, 도둑나방, 벼잎물가파리, 줄기굴파리류, 가루깍지벌레 등 다양한 해충이 발견되었다. 들민달팽이, 명주달팽이 같은 달팽이류, 쥐류, 꿩류도 인삼을 가해하는 것으로 확인되었다.

인삼의 해충이 점점 다양해지는 것은 개간지와 논 재배 면적이 늘고 있기 때문이다. 논과 배수로가 함께 있는 인삼 포장에서는 해충 발생이 부쩍 늘어난다. 특히 큰검정풍뎅이, 참검정풍뎅이, 들민달팽이, 땅강아지, 명주달팽이의 발생 빈도가 높았다. 풍뎅이 유충 굼벵이는 뿌리를 식해하고 왕귀뚜라미 성충은 2년생 줄기를 갉아먹어 피해를 일으킨다. 그러나 무엇보다 피해가 심각한 건 역시 땅강아지다. 땅강아지만 보면 질색하는 인삼 재배 농부들의 마음을 이해할 것 같다.

땅강아지는 땅을 마구 헤집고 돌아다니며 인삼을 갉아먹는다. 영양가 높은 인삼이 땅강아지 입맛에 잘 맞았나보다. 1984~1991년에 걸쳐 인삼밭 피해를 조사해본 결과 특이한 점이 발견되었다. 땅강아지가 인삼에 피해를 주는 시기가 주로 2년생 인삼이라는 점이다. 인삼 농가 설문조사 결과도 2년 근에서 82.3%가 발생되었다고 나타났다. 묘삼과 3년생은 15.4%에 불과했다.

왜 땅강아지는 2년 근 인삼에만 유독 피해를 주는 걸까? 땅강아지가 부드러운 인삼 조직과 단단해지지 않은 땅을 좋아해서다. 땅강아지 피해 발생 시기도 밀도가 높은 9~10월이 아니라 5~6월에 집중되었

인삼에 피해를 발생시키는 왕귀뚜라미와 달팽이

다. 5월 64.3%, 6월 20%, 4월 13.5% 순이다. 본포 이식 후 시간이 경과되면 인삼 조직이 경화되고 토양이 단단해져서 땅강아지의 선호도가 떨어진다. 그래서 땅강아지는 5월의 부드러운 2년 근 인삼을 가장 좋아한다.

인삼을 즐겨 먹는 땅강아지는 예로부터 약제로도 활용되었다. 담낭결석, 신장결석, 요도결석, 방광결석, 임질淋疾 등에 효과가 좋은 약용 곤충이다. 약제로 쓰일 수 있었던 가장 큰 이유는 역시 인삼을 즐겨 먹기 때문이다. 땅강아지는 가공이 안 된 생삼生蔘을 섭취하여 체내에서 새로운 영약靈藥으로 합성

하는 제약製藥회사와 같다.

　인삼 속에 함유된 독성毒性을 제거하고 약성을 보존하여 발전시킨다. 그래서 인삼에 부작용 있는 체질도 땅강아지를 통해 간접 섭취하면 전혀 이상이 없다. 삼밭의 해충 땅강아지가 질병 치료에는 양약良藥으로 사용된다. 배탈이나 설사 등에도 복용하고 배앓이가 잦은 사람의 장을 튼튼하게 만들어준다. 말려서 가루로 복용하면 변비 치료에도 효과가 있다.

　최근에는 자생 생물에 숨겨진 효능을 찾아 활용하려고 전통 지식을 발굴하고 있다. 땅강아지처럼 약용 곤충으로 활용되는 굼벵이는 간을 튼튼히 하는 약제로 사용되었다. 호박과 함께 삶아서 으깬 후 환부에 바르면 염증이나 다친 곳을 아물게 하는 데 도움을 준다. 사마귀 알집은 인두염과 같은 목 관련 질병에 이용되었다. 알집을 모아 달인 물을 마시면 변비 치료에도 효과가 있다. 두더지는 결핵, 폐병, 위장병, 신경통, 요통, 중풍초기, 고혈압 등에 좋다.

　석이버섯은 음식에 넣어 식중독을 예방하는 천연 방부제다. 능이버섯은 고기를 먹고 체했을 때 달여 먹으면 천연 소화제 역할을 한다. 미신처럼 여겨졌던 구전 식이 요법이 생물 자원시대를 이끌어가는 신지식이 되고 있다. 자생 식물의 다양한 활용법을 집대성한 '자생생물 전통지식 조사 연구사업'에서 민간에 구전되는 생물 자원 7044종의 다양한 활용법을 확인하는 연구가 진행되기도 했다.

　민간에 구전되는 전통 지식은 신약 개발과 생물 산업 신소재 발굴, 미래 식량 자원 발굴 등의 토대가 될 수 있다. 생물 자원의 전통 지식을 발굴하면 경쟁력 있는 국가가 될 수 있다. 또한 자생 생물에 포함된 효능을 확인할 수 있다. 요즘에는 구전 지식을 발굴하여 신기술에 접목시키기 위해 연구를 거듭하고 있다.

알면 약이 되는 땅강아지 방제법

땅강아지는 인삼 외에도 잔디, 초지, 기타 농작물의 주요 해충이다. 그런데 땅강아지 약충은 땅을 파는 능력이 매우 부족해서 인삼 포장에서는 성충만 피해를 일으킨다. 피해를 입은 인삼은 지상부가 시들고 뿌리의 동체 일부가 손상되거나 없어진다. 굼벵이의 식해와 닮았지만 이보다 더 거칠다는 점이 다르다. 피해 부위와 이랑의 옆면에는 땅강아지가 뚫고 다닌 터널 입구나 출구도 발견된다.

인삼밭은 뜨는 해를 보고 지는 해는 못 보는 방향으로 만든다. 통풍과 배수도 원활하게 설계하여 인삼이 잘 자랄 수 있도록 만든다. 잘 조성된 본포로 옮겨 심은 인삼은 환경에 잘 적응하려고 몸부림친다. 그러나 여러 가지 난관이 인삼 생육을 방해한다. 인삼 해충인 땅강아지는 인삼 포장의 지하부를 식해하여 막대한 경제적 손실을 끼친다. 발생 시기를 정확히 예찰하여 집중 방제할 필요가 있다.

특히 인삼은 종자에서 싹을 틔우고 성장하기까지 약 7년의 세월이 소요되는 다년생 작물이다. 해충에게 노출되는 기간이 매우 길기 때문에 소독을 철저히 하고, 거름을 제때 주는 등 관리에 각별히 신경을 써야 한다. 더욱이 인삼은 고가의 작물이기 때문에 조금만 피해가 발생해도 경제적 손실이 매우 크다. 오랜 시간 돌봐야 하기 때문에 농부들은 자식을 기르는 심정으로 인삼을 기른다.

땅강아지는 지하부를 식해하지만 불빛에도 잘 날아온다. 아직 생태적인 연구가 부족하기 때문에 방제 방법이 확실하게 정립되지 못 했다. 먼저 피해 상황을 정확히 파악하고 특성과 제반 환경 요인이 어떻게 관여되는지 밝혀야 한다. 해충 전체의 발생 경향까지 파악해야 효율적인 방제 전략을 수립할 수 있다. 특히 4~6년 동안 재배되는 인삼은 한 번 이식하면 밭을 갈고 김을 맬 수가 없어서 다른 작물보다 구제가 매우 어렵다. 따라서 해충의 발생 경향을 사전에 파악하여 예방하는 게 최선책이다.

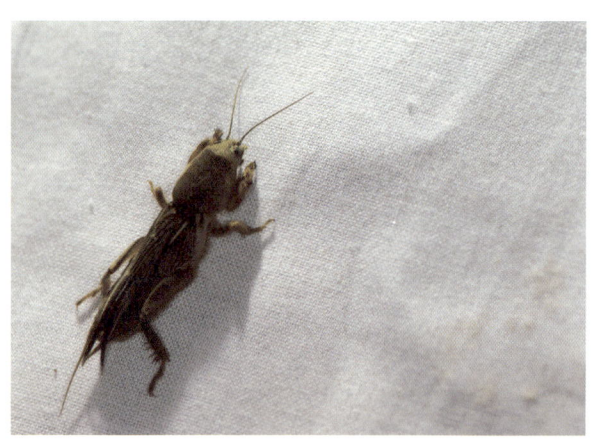

불빛에 날아온 땅강아지

땅강아지, 큰검정풍뎅이, 참검정풍뎅이, 큰다색풍뎅이, 밀방아벌레, 쥐처럼 땅속에서 생활하는 해충들은 일단 발생하면 방제가 힘들다. 그래서 생태적 특성과 이동 습성을 구명하고 적기에 이동을 차단하는 것이 가장 효율적인 방제법이다. 땅강아지에게는 귀뚜라미처럼 소리를 내는 특성이 있다. 지표 밑에 굴을 파고 입구를 통해 유인음을 낸다. 길고 높은 유인음이 발생되는 곳에는 반드시 수컷이 있게 마련이다.

사람이 접근하면 유인음은 일시적으로 중단되지만 조용해지면 다시 소리를 낸다. 굴 입구 15cm 위에서 유인음을 녹음한 결과 77~80dB의 소리와 2000Hz 정도의 파형을 보였다. 유인음은 종에 따라 다르기 때문에 잘 활용하면 이상적인 방제 수단이 될 것으로 기대된다. 그러나 아직 유인음에 대한 주파수와 파동수만 기록되었을 뿐 자료가 불충분해서 방제에 힘을 보태기는 어려운 실정이다.

앞으로 유인음의 특성, 전달과정, 기능 등에 관한 자료를 축적하면 야외 개체군의 동태나 방제에 효과적으로 활용될 수 있을 것이다. 유인음에 관한 사운드트랩의 수나 크기, 유인음의 강도 등을 결정하여 트랩 효율을 높이면 유인음으로 땅강아지를 방제할 수 있다. 다행히 우리나라에는 땅강아지가 한 종류뿐이어서 연구에 큰 힘이 되고 있다. 인삼을 먹기 위해 발발대며 기어가는 땅강아지를 소리로 물리칠 수 있는 날은 언제일까?

작물에 나타난 황충의 떼
_메뚜기

하늘을 뒤덮은 괴물메뚜기 습격사건

수백만 마리의 괴물메뚜기 떼가 습격하는 바람에 호주 전역이 몸살을 앓았다. 아프리카와 서남아시아 지역 주민들을 기근에 허덕이게 만들었던 사막메뚜기 떼에 버금간다. 하늘을 뒤덮은 괴물메뚜기는 사막메뚜기처럼 곡물을 모조리 갉아먹어 사람들을 공포에 몰아넣었다. 마치 성경의 출애굽기에 기록된 황충의 떼와 같은 재앙이 현실 속에서 펼쳐진 셈이다.

　사막메뚜기 명성에 도전장을 내민 괴물메뚜기가 나타나자 우리나라 네티즌들은 가장 먼저 국민 MC 유재석을 떠올렸다. 혹시 말이라도 통하지 않을까 희망을 걸며 놀란 가슴을 진정시키려는 분위기다. 그러나 호주에 대발생한 괴물메뚜기는 몸길이 8㎝ 정도의 악명 높은 북부메뚜기였다. 특히 홍수 피해를 입은 지역을 중심으로 천문학적인 메뚜기 떼가 발생했다.

메뚜기 대발생과 홍수 사이에는 어떤 연관성이 있을까? 호주는 120년 만에 최악의 홍수가 발생했다. 홍수가 끝난 뒤 수분 공급이 풍족해지자 습도가 매우 높아졌다. 또한 무더운 날씨가 이어지면서 기온도 올라갔다. 높은 습도와 기온은 북부메뚜기 번식에 최적의 환경을 조성해주었다. 제철 만난 괴물메뚜기는 활개를 치며 논밭을 초토화시켰다. 구름떼처럼 몰려들어 먹어치우는 식량은 상상을 초월할 만큼 엄청나다. 농부들이 황충의 떼를 보며 근심했던 이유를 알 것 같다.

초대형 홍수와 산불에 이어 메뚜기 떼 습격까지 받게 된 호주 국민들의 얼굴에 수심이 가득하다. 퀸즈랜드를 넘어 뉴사우스웨일즈, 빅토리아 주, 남호주 주까지 호주 절반 지역이 피해를 입었다. 호주 농업부에서는 75년 만에 가장 심각한 수준이라고 발표했다. 헬리콥터까지 동원해서 살충제를 대규모로 살포했지만 메뚜기 떼는 쉽게 수그러들지 않는다. 메뚜기 떼를 박멸하지 못 하면 피해가 눈덩이처럼 불어날 수밖에 없지만 달리 뾰족한 방법이 없다.

환경 변화로 대발생한 메뚜기 떼를 인간이 쉽게 조절할 수 있다고 기대하는 건 어리석은 생각이다. 자연에 의해 대발생한 건 오로지 자연만이 해결할 수 있기 때문이다. 1874년 미국 미네소타 주에서도 메뚜기 재앙으로 농작물에 큰 손실이 발생했다. 그런데, 주지사 필스베리는 살충제 대신 기도의 날을 선포했다. 인간이 해결할 수 없다는 걸 인정하고 자연의 도움으로 기적이 일어나길 기도한 것이다.

그런데, 기도를 시작한 지 3일 만에 갑자기 장대비가 쏟아지고 한파가 닥치면서 메뚜기 떼가 흔적도 없이 사라졌다. 과학자들이 말로 설명할 수 없는 기적이 일어났던 것이다. 애타는 농민의 간절한 마음이 하늘까지 전달되었던 것일까? 자연 재앙을 조절하는 힘은 오로지 위대한 자연에게 달려 있다. 자연이 스스로 조절할 수 있도록 방해하지 않는 게 우리가 할 수 있는 최선일지도 모른다.

우리나라에도 괴물메뚜기 떼처럼 주목받은 녀석이 2010년 출현했다. 전국을 들썩거리게 만든 꼽등이다. 춘천 지역에 대발생한 꼽등이는 메뚜기 대발생 때와 똑같은 원인이 작용했던 것으로 추정된다. 여름철 비가 많이 내려서 습도가 높아졌고, 기온이 급격히 상승하자 꼽등이 번식에 최적의 조건이 형성되었던 것이다. 그로 인해 꼽등이 개체수가 증폭했고, 사람들은 괴상한 모습의 꼽등이를 여기저기서 쉽게 발견할 수 있게 되었다.

긴 더듬이와 굽은 등을 가진 흉측한 모습의 꼽등이는 메뚜기보다 훨씬 더 소름끼치고 혐오스러운 모양새다. 몸속에서 기다란 선충 연가시까지 나와서 단기간에 가장 혐오스러운 해충의 대표가 되었다. 괴상한 모습의 꼽등이는 꼽등이 괴담과 꼽등이 송을 유행시킬 만큼 사회적인 이슈가 되었다. 호주 괴물메뚜기처럼 두려움의 대상이 되긴 했지만 괴물메뚜기와는 달리 인간에게 피해를 입히는 건 하나도 없다. 다만, 환경 조건이 좋아서 급증한 것뿐이다. 그러나 사람들은 혐오스럽다는 이유만으로 몸서리친다.

황충의 떼가 『고려사』와 『성종실록』에 등장하는 걸 보면 우리나라도 메뚜기 떼 피해가 있었다는 걸 알 수 있다. 언제든지 다시 찾아올 가능성도 충분하다. '농사에 피해를 주는 메뚜기' 하면 가장 먼저 벼메뚜기가 떠오른다. 그러나 호주 괴물메뚜기와 벼메뚜기는 다르다. 괴물메뚜기가 고온다습한 날씨를 좋아하는 반면 벼메뚜기는 고온건조한 날씨를 좋아한다. 이처럼 메뚜기는 종류에 따라 번성할 수 있는 환경 조건이 각기 다르다.

벼메뚜기는 성충과 약충 모두 벼과 작물을 장기간에 걸쳐서 갉아먹는다. 벼, 밀, 보리, 조, 목화, 배추, 고구마, 콩 등 다양한 기주식물을 가해한다. 알로 월동하다가 6월에 부화되면 새끼 메뚜기가 출현한다. 처음엔 논 주변의 벼과 작물을 갉아먹다가 곧 본논으로 이동한다. 잎을 갉아먹다가 이삭까지 피해를 입힌다. 8~9월이 되면 성충이 된 벼메뚜기는 짝짓기를 하고 논둑이나 흙덩이 사이에 100여 개의 알을 몇 개의 무더기로 낳는다.

벼를 갉아먹는 벼메뚜기

메뚜기는 친환경 농업을 알리는 홍보대사다

농부들은 벼메뚜기만 보면 이맛살을 찌푸린다. 벼메뚜기 때문에 주름살이 늘어가던 농부들이 팔을 걷어붙였다. 메뚜기 퇴치를 위해 농약을 잔뜩 친 것이다. 그러나 살충제는 벼메뚜기 문제를 근본적으로 해결하지 못했다. 물론 숫자를 일부 조절할 수는 있었지만 오히려 수확된 쌀에 농약이 축적되는 부작용을 낳았다. 그래서 최근 유기 농업이 다시 기세를 올리고 있는 실정이다. 상위 포식자로 갈수록 농약이 축적되는 생물 농축 현상의 무서움을 실감하면서 친환경적인 농법이 인기를 끌고 있다.

벼의 주요 해충인 벼메뚜기를 품질 좋은 쌀의 대명사로 홍보하는 지역도 있다. 반달가슴곰 복원지로 유명한 지리산 자락의 경남 산청이다. '산청 메뚜기 쌀'이라는 상호로 청정 지역에서 생산된 좋은 쌀임을 홍보하고 있다. 살충제에 약한 벼메뚜기가 많이 살고 있는 논은 그만큼 살충제를 적게 친 친환경 쌀이라는 걸 입증하는 셈이니까. 요즘은 품질 좋은 쌀을 널리 홍보하기 위해 벼메뚜기 잡기 행사까지 벌이고 있다.

해충 벼메뚜기가 좋은 쌀을 알리는 생물이 되었다. 여러 지방자치단체에서는 좋은 쌀이라는 이미지를 내세우기 위해 반딧불이, 두꺼비 등의 청정지역 생물을 내세워 홍보하고 있다. 청정지역 생물이 살고 있는 지역에서 재배된 쌀은 질 좋은 친환경 쌀이라는 것을 증명하는 지표가 된다.

송장메뚜기라 불리는 여러 메뚜기들

1 2
3 4
각시메뚜기, 두꺼비메뚜기, 등검은메뚜기, 팥중이

배고픈 시절 벼메뚜기는 개구리와 함께 동물성 단백질을 보충해주던 중요한 식품이었다. 요즘도 뷔페식당에 가면 간혹 볼 수 있다. 농가에서 소, 돼지, 닭 등의 가축을 사육하면서 사람들은 더 이상 메뚜기를 먹을 필요가 없게 되었다. 그러나 구제역과 조류독감으로 동물들이 떼죽음 당하는 일이 잦아지면서 일각에서는 벼메뚜기 같은 곤충이 미래의 훌륭한 식량이 될 것으로 예측하고 있다.

벼메뚜기와 달리 땅에서 잘 발견되는 송장메뚜기는 맛이 써서 절대 먹지 않았다. 땅색, 혹은 말라죽은 흑회색 빛깔을 띠는 송장메뚜기는 어떤 한 종류를 지칭하는 게 아니라 여러 종류를 포함해서 부르는 이름이다. 옛날에는 무덤가를 중심으로 살고 있는 땅 빛깔 닮은 메뚜기 전체를 송장메뚜기라 불렀다. 송장메뚜기는 본래 각시메뚜기를 말하는데, 땅에 많아 땅메뚜기라고도 불린다. 그러나 남부지역에만 주로 살기 때문에 중북부 지역 사람들은 더 흔하게 볼 수 있었던 팥중이와 두꺼비메뚜기를 송장메뚜기라고 불렀다.

지금도 무덤가나 야산에서 쉽게 만날 수 있는 팥중이를 본 사람들은 십중팔구 송장메뚜기라고 생각한다. 몸빛깔이 거무튀튀해서 붙여진 팥중이는 땅과 빛깔이 매우 닮아서 땅색메뚜기라고도 불린다. 땅과 닮은 보호색은 천적의 눈을 피하게 해준다. 벼에 사는 벼메뚜기가 초록빛깔을 갖는 것처럼. 몸이 우툴두툴한 두꺼비 피부를 닮은 두꺼비메뚜기와 등 부분이 검은 등검은메뚜기도 풀밭에서 쉽게 만날 수 있는 종이다.

그런데, 땅과 비슷한 빛깔을 갖는 메뚜기를 왜 송장메뚜기라 불렀을까? 메뚜기들의 천국은 햇볕이 잘 들고 넓은 풀밭이 있는 곳이다. 일제강점기를 거치면서 공동묘지가 늘었고 그 곳에 가면 메뚜기들이 많았다. 아이들도 해가 잘 들고 바람이 잘 통하는 공동묘지에서 곧잘 뛰어놀았다. 공동묘지에 많은 흑회색 빛깔의 메뚜기를 발견한 아이들은 질색한다. 송장메뚜기의 창백한 모습을 보면 죽음을 떠올리게 되니까. 마치, 중국 귀신 강시의 핏기 없는 얼굴처럼 말이다.

메뚜기를 꽉 쥐고 있으면 입에서 거무죽죽한 냄새나는 소화액을 토해낸다. 자신을 보호하기 위한 방어 물질을 분비하여 천적을 쫓아내기 위한 기지를 발휘한다. 특히 팥중이, 두꺼비메뚜기 같은 송장메뚜기들은 시꺼먼 소화액을 더 많이 방출한다. 그러다보니 아이들은 화들짝 놀라서 자연스럽게 기피하게 마련이다. 벼메뚜기와 방아깨비는 쉽게 잡아서 가지고 놀지만 송장메뚜기는 모두 외면했다. 메뚜기 중에는 몸집이 가장 작은 4~5mm의 좁쌀메뚜기도 있다. 좁쌀처럼 작지만 점프 실력은 여느 메뚜기 버금간다. 마름모 모양의 모가 난 몸통을 지닌 모메뚜기는 체색변이가 심해서 몸 빛깔

몸집이 작은 좁쌀메뚜기와 변이가 다양한 모메뚜기

과 무늬가 매우 다양하다. 우리나라에는 좁쌀메뚜기과, 모메뚜기과, 메뚜기과, 섬서구메뚜기과 등 60여 종의 다양한 메뚜기가 살고 있다.

농작물에 많은 섬서구메뚜기와 방아깨비

풀밭이나 작물에 사는 섬서구메뚜기, 방아깨비, 벼메뚜기 등은 성충과 약충

모두 식물을 갉아먹고 산다. 그래서 농작물의 해충이 된다. 그런데, 같은 종류임에도 불구하고 녹색, 갈색, 회갈색 등 체색변이가 심하다. 그렇다고 카멜레온처럼 몸빛깔이 수시로 바뀌는 건 아니다. 처음 태어날 때 주변의 환경과 어울리는 빛깔을 갖고 태어나서 죽을 때까지 그 빛깔을 지닌 채 살아간다.

섬서구메뚜기는 길쭉한 삼각형 모양의 뾰족한 머리를 갖고 있어서 언뜻 보면 방아깨비와 닮았다. 그러나 방아깨비보다 몸집이 훨씬 더 작다. 또한 섬서구메뚜기는 뒷다리가 다른 다리와 길이가 비슷하지만 방아깨비는 유난히 뒷다리가 길어서 구별된다. 섬서구메뚜기는 소리를 내지 않지만 방아

깨비 수컷은 따닥따닥 소리를 내며 자신의 위치를 알린다. 따닥 소리를 내며 날아다니는 성냥개비라 해서 따닥깨비라고도 불린다. 물론 방아깨비 암컷은 소리를 내지 않고 몸집도 수컷보다 훨씬 더 크다.

체색변이를 하는 방아깨비. 녹색형과 갈색형이 있다

섬서구메뚜기는 종종 새끼를 업고 다닌다. 그러나 많은 사람들이 새끼라고 말하는 건 수컷이다. 섬서구메뚜기 수컷은 25mm 내외지만 암컷은 42mm 정도로 수컷보다 훨씬 더 크고 뚱뚱하다. 수컷이 짝짓기를 위해서 암

컷 위에 성공적으로 올라탄 모습인데도 크기 차이가 심하다 보니 새끼를 업고 있는 것으로 착각하기도 한다. 몸집의 차이가 심하면 같은 종류인지 의심이 드는 경우가 많아서 곧잘 오해가 발생한다.

섬서구메뚜기는 밭에서 흔히 볼 수 있는 메뚜기다. 벼, 보리뿐 아니라 콩, 옥수수, 국화, 들깨, 감자, 고구마 등 다양한 농작물을 갉아먹는다. 잎을 불규칙하게 갉아먹기 때문에 여기 저기 구멍이 뚫린다. 약충과 성충 모두 똑같은 먹이를 먹기 때문에 피해 시기가 길고 광범위하다. 특히 주변에 풀이 많은 산간 지역이 있다

짝짓기를 위해 암컷 위에 올라탄 수컷 섬서구메뚜기

면 발생이 더욱 많아질 것을 예상해야 한다.

물론 어린 약충 시기에는 섭식량이 적어서 문제가 덜하다. 그러나 노숙 약충과 성충은 잎을 많이 갉아먹기 때문에 피해가 크다. 나방 유충처럼 1년에 다발생하지 않고 단 1회만 발생한다는 것이 고마울 따름이다. 알로 겨울을 지내고 5월 하순부터 6월 상순에 부화하여 약충이 된다. 6월에서 11월까지 잎을 가해한다. 발생량이 많은 8~9월경에는 줄기만 남기고 모조리 먹어치우는 바람에 피해가 심각하다.

방아깨비는 산과 들판, 경작지의 벼과식물이 자생하는 초원에 살면서 벼과 작물을 가해한다. 섬서구메뚜기와 마찬가지로 알로 겨울을 나고 연 1회 발생한다. 성충은 7~10월에 볼 수 있으며 우리나라 메뚜기 종류 중 크기가 가장 크다. 몸집은 크지만 섬서구메뚜기에 비해서 피해는 크지 않다. 방아깨비는 벼과식물만 주로 가해하지만 섬서구메뚜기는 가해 작물 범위가 매우

넓어 피해가 더 크다.

　메뚜기 때문에 잎에 구멍이 뚫리면 보통은 약제 방제를 실시한다. 그러나 메뚜기들은 이동성이 좋기 때문에 포장 주위의 밀도를 잘 살펴야 한다. 다행스러운 건 나방이나 노린재에 비해 피해 규모가 터무니없이 작다는 점이다. 피해가 별로 크지 않기 때문에 약제 방제보다는 목초액 등의 유기농 농약을 사용하는 게 좋다. 작물이 메뚜기 피해에 내성을 갖도록 품종을 개발하는 것도 중요하다. 좋은 땅을 유지시켜 생존력 강한 작물을 기른다면 메뚜기 피해쯤은 그리 걱정하지 않아도 해결할 수 있다.

모습이 비슷해서 간혹 헷갈리는 섬서구메뚜기와 방아깨비

　다행히 우리나라는 아직 메뚜기 떼의 습격을 받지 않았다. 그러나 만약 발생한다면 농작물 피해가 심각할 것은 불 보듯 뻔한 일이다. 적은 양의 메뚜기 떼가 하루에만 약 2천 500명 분량의 식량을 먹어치우니까! 무시무시한 메뚜기 떼의 대발생을 막으려면 우선 자연 환경부터 되돌아봐야 한다. 홍수와 같은 자연 재해 뒤에는 반드시 해충이 들끓게 마련이다. 그러므로 자연 환경을 보존하는 것이 가장 중요하다. 환경을 보존하고 아름답게 가꾸는 길만이 우리의 식량을 지키고 인류의 미래를 보장할 수 있는 최선의 선택이다.

잎에 굴파는 잎 광부
_ 잎굴파리

구 더 기 , 어 느 날 아 침 유 용 곤 충 이 되 다

최근 종영한 법의학 드라마 〈싸인〉과 미국 외화시리즈 〈C.S.I 과학수사대〉는 시체에 모여드는 생물로 살인 사건의 미스터리를 풀어간다. 파리, 송장벌레, 반날개 등의 법의학 곤충들은 시체나 배설물처럼 썩은 물질에 모여든다. 부식성 곤충들의 생태를 연구하면 사망 시간을 추정할 수 있고, 정확한 사망 시간은 사건을 해결하는 중요한 단서가 된다. 시체를 분해하기 위해 몰려드는 부식성 곤충들은 생태계 순환의 일등 공신이다.

    시체와 배설물 냄새를 제일 먼저 맡고 날아오는 건 파리다. 특히 금파리는 알을 낳기 위해서 코를 찌르는 지독한 냄새를 제일 먼저 맡고 달려든다.

파리는 시체에 도착하자마자 알을 낳는다. 알에서 부화된 파리애벌레가 바로 꾸물꾸물 기어가는 구더기다. 구더기는 어미의 탁월한 선택으로 풍족한 시체를 먹으며 무럭무럭 성장한다. 그 다음으로 시체를 송두리째 파묻어 매장시키는 송장벌레가 몰려든다. 시체에 몰려든 자연분해자들 덕분에 숲은 언제나 청결함을 유지한다.

구더기는 시체를 분해시키는 훌륭한 자연 청소부다. 인간이 버리는 쓰레기도 파리들이 날아와 분해해준다. 그러나 인간이 버리는 쓰레기는 산을 만들 정도로 엄청나다. 쓰레기를 쌓아 산이 되었던 난지도는 지금 월드컵 공원 개최지가 되어 친환경적인 공원으로 탈바꿈했다. 그러나 지금도 난지도와 같은 쓰레기 매립장은 전국적으로 널려 있다. 인구가 점점 늘어나면서 쓰레기가 넘쳐나자 고민도 함께 증폭되고 있다.

시체나 썩은 물질에 모여드는 부식성 곤충들. 송장벌레와 금파리

그런데 최근 쓰레기 문제에 희망을 던져주는 생물이 발견되었다. 쓰레기에 잘 모이는 동애등에다. 동애등에는 파리목 동애등엣과에 속하는 곤충으로 파리처럼 더럽고 오염된 곳에 잘 모인다. 우리가 흔히 똥파리라 부르는 금파리보다 더 길쭉한 모습이다. 쉴 새 없이 날아다니며 약 1000여 개의 알

을 낳는다.

알에서 부화된 동애등에는 다리가 없는 전형적인 파리 유충 구더기다. 동애등에 몸집이 크기 때문에 유충 또한 금파리보다 훨씬 더 크다. 그런데 동애등에 구더기는 음식물 쓰레기를 퇴비로 만들어주는 유익한 역할을 한다. 혐오스럽다며 싫어하던 구더기가 인간이 해결하지 못 하는 음식물 쓰레기를 말끔하게 해결하는 유용 곤충으로 새롭게 각광받고 있다. 동애등에는 우리나라뿐 아니라 미국, 인도, 오스트레일리아, 베트남 등에도 널리 분포한다.

쓰레기 문제를 해결할 동애등에

금파리 유충은 시체와 배설물을 먹지만 동애등에 유충은 죽은 동물의 시체, 배설물뿐 아니라 음식물 쓰레기까지도 먹는다. 시체에 알을 낳아 분해를 돕는 금파리처럼 동애등에 유충도 음식물 쓰레기를 효과적으로 분해시킨다. 특히, 동애등에 유충은 쓰레기를 분해하는 능력을 갖고 있는 여러 종류의 구더기 가운데 분해 능력이 단연 최고다.

음식물 쓰레기 10kg에 동애등에 유충 5000마리를 넣고 5일이 지나면 쓰레기의 부피가 58%, 무게가 30% 줄어든다. 동애등에 유충 1마리는 구더기로 사는 2주 동안 오로지 음식물 쓰레기만 먹고 살면서 음식물 쓰레기 약 2g을 분해한다. 50만 마리의 동애등에 유충은 3일 동안 1ton의 음식물 쓰레기를 처리할 정도로 분해 능력이 뛰어나다. 동애등에는 음식물 쓰레기 처리장 역할을 하며 처치 곤란이었던 음식물 쓰레기를 해결할 희망이 되었다.

무엇보다 동애등에 유충은 음식물 쓰레기를 냄새나지 않는 천연퇴비로 만들어준다. 음식물 쓰레기를 먹고 배출한 분변토는 염분도가 낮아서 퇴비로 사용하기 안성맞춤이다. 텃밭이나 화분의 천연 퇴비로 매우 유용하게 쓰인다. 다 자란 유충과 번데기에는 항균 물질도 함유되어 있어서 무항생제 토종닭 사육이나 양식어류 사료, 낚시 미끼로도 활용이 가능하다. 동애등에의 숨겨진 능력을 주목한 결과 구더기도 인간에게 유익을 줄 수 있는 생물이라는 점이 증명되었다. 인간이 자연에서 얻을 수 있는 이득은 그야말로 무궁무진하다.

요즘, 동애등에를 이용하여 음식물 쓰레기를 친환경적으로 분해하는 시스템 개발에 박차를 가하는 중이다. 개발이 완성되면 자연에 살고 있는 생물을 이용하여 친환경적으로 음식물 쓰레기를 처리할 수 있게 된다. 더욱이 동애등에 유충은 다양한 야생 동물의 주요한 먹이가 되기에 야생 동물에게도 도움이 된다. 그래서 다양한 유익을 주는 동애등에를 '신이 내린 신비의 선물'이라고 부르는 모양이다.

동애등에는 논밭 주위의 작물이나 열매가 버려진 곳에서도 심심치 않게 만날 수 있다. 아무 거리낌 없이 음식물 쓰레기를 먹어치우는 모습에서 파리의 모습이 엿보인다. 동애등에는 이름에 파리가 들어가지 않지만 파리류의 곤충이다. 짧은 더듬이와 핥는 입, 날개 1쌍이 퇴화되어 날개가 1쌍뿐인 곤충이 파리류에 속하기 때문에 꼭 파리라는 표기가 들어갈 필요는 없다. 금파리, 똥파리, 검정파리, 초파리, 나방파리 등에는 '파리'가 있지만 모기, 각다귀, 깔따구, 꽃등에, 동애등에는 이름에 '파리'라는 글자가 없는 파리다.

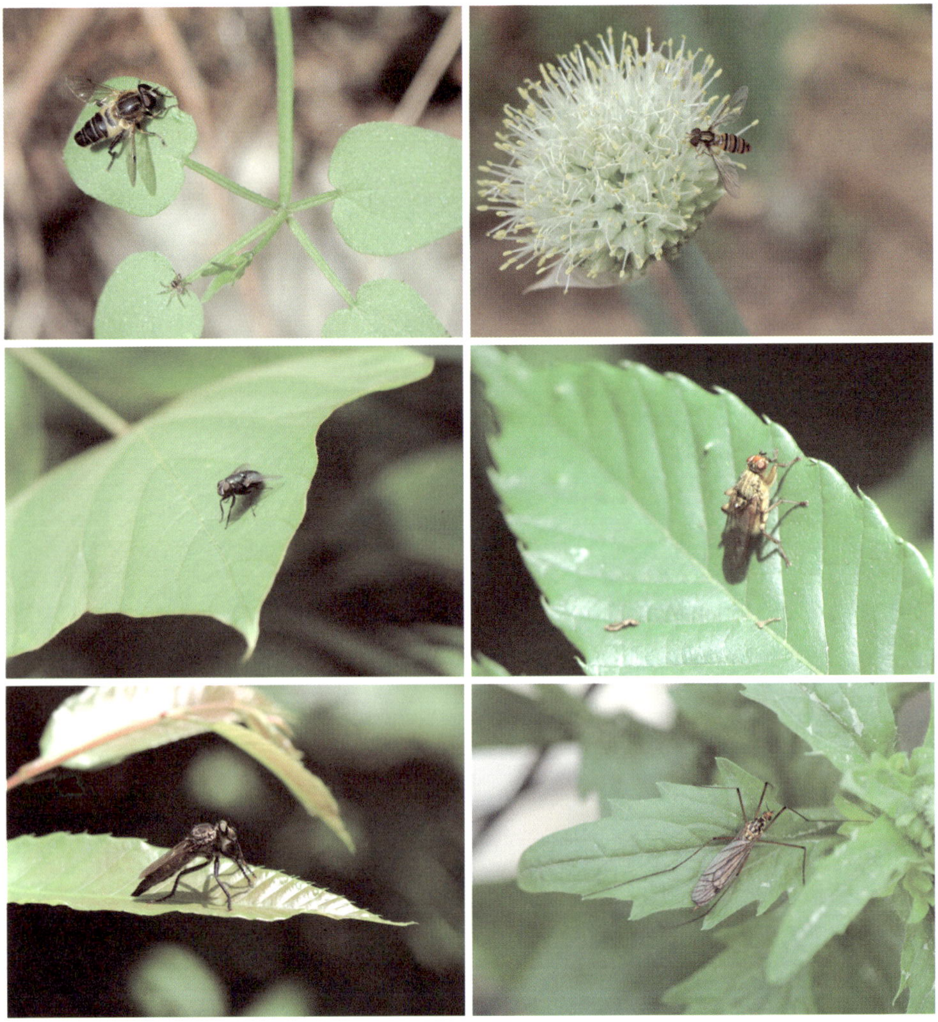

다양한 모습의 파리류 곤충들

1 2
3 4
5 6

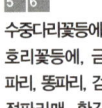

수중다리꽃등에, 호리꽃등에, 금파리, 똥파리, 검정파리매, 황각다귀

위생 해충과 작물 해충이 된 파리

파리는 흔히 더러운 곳을 찾아다니며 병균을 옮기는 위생 해충으로 알려져 있다. 구더기, 쉬, 고자리라 불리는 파리 유충은 다리가 없어서 몸을 늘렸다

가 줄이면서 꾸물꾸물 이동한다. 모습이 꽤나 징그럽다. 사람들은 그런 모습을 보기만 해도 표정을 일그러뜨린다. 날아다니며 병균을 옮기는 파리, 징그러운 구더기. 아무리 봐도 흉측한 해충이라고 생각할 수밖에 없다.

우리나라에는 약 1200여 종의 파리가 살고 있다. 하지만 종류에 따라 생태적인 특성이 다르기 때문에 무조건 해충으로 분류하지는 않는다. 금파리, 쉬파리, 검정파리는 위생 해충이지만 인간에게 유익을 주는 동애등에와 꽃등에도 있다. 구더기 하면 치를 떨지만 유용한 파리 종류도 의외로 많다.

또 작물을 좋아하는 파리도 있다. 굴파리는 두더지처럼 굴을 잘 판다고 해서 붙여진 이름이다. 맛있는 작물을 만나면 가만 놔두지 않고 굴을 판다. 그런데, 굴을 파는 장소가 땅속이 아니라 식물의 잎이라는 점이 땅강아지와 다르다. 굴파리는 각자의 입맛에 맞은 기주식물에 모여서 잎에 구멍을 내고 산란한다. 부화된 굴파리 유충이 기주식물의 잎을 갉아먹기 시작하면 뱀처럼 구불구불한 터널이 만들어진다.

굴파리가 잎에 터널을 뚫어서 피해를 일으켰다

굴파리 유충은 작물의 잎에 굴을 뚫어 피해를 일으키는 해충이다. 굴파리는 파리목 굴파릿과에 속하는 종류로 작물마다 다양한 굴파리가 굴을 뚫어 피해를 발생시킨다. 특히, 잎에 구멍을 잘 뚫는 잎굴파리는 잎 광부라 불린다. 잎굴파리는 주로 온실에 많이 발생하며 아메리카잎굴파리, 완두굴파리, 파굴파리, 국화잎굴파리, 토마토잎굴파리 등 다양한 종류가 있다. 아메리카잎굴파리는 박과, 십자화과, 가지과, 콩과 등의 작물에 피해를 일으킨다. 수박, 참외, 멜론, 오이, 호박, 배추, 양배추, 무, 감자, 고추, 가지, 토마토, 상추, 쑥갓, 샐러리, 당근, 시금치 등 기주식물이 많아서 방제도 어렵다.

아메리카잎굴파리의 반투명한 젤리 모양의 알이 부화하면 황색 또는 담황색 애벌레가 나온다. 유충은 잎 조직 안에 구불구불한 굴을 파며 갉아먹는다. 다 자라면 잎의 표피를 뚫고 나와서 땅에서 번데기가 되어 월동한다. 온실에서는 1년에 15회 정도 발생하기 때문에 피해가 끊이지 않는다. 또한 수백 개의 알을 낳기 때문에 번식력도 좋다. 약 2mm의 소형 아메리카잎굴파리 성충은 산란관으로 구멍을 뚫고 흡즙하여 흰색 줄무늬와 반점을 발생시킨다.

파굴파리는 고자리파리, 총채벌레, 파밤나방, 파좀나방과 함께 양파 및 대파를 가해하는 중요 해충이다. 4~5월경에 백합과 식물의 잎 조직에 긴 타원형의 흰색 알을 낳는다. 4mm 정도의 황백색 구더기로 자라면 양파나 파 잎의 껍질 밑에 굴을 뚫어 엽육을 가해한다. 잎의 내벽에 부착해서 엽육을 식해하고 백색으로 변색시킨다. 그러면 잎의 기능이 저하되어 생육이 불량해지고, 심하면 고사된다. 4월부터 10월까지 4~5세대를 거치며 번식하기 때문에 지속적으로 예찰하고 방제해야 된다.

완두굴파리는 박과, 콩과 작물의 잎 조직 내부에 곡선을 그리며 가해한다. 피해 부분에는 백색 줄모양이 생긴다. 가해 흔적은 곧 갈색으로 변한다. 하우스에서 말라 죽은 식물체 부위에는 회색곰팡이병(잿빛곰팡이병)이 생긴다. 고자리파리는 마늘, 양파, 파 등에 두루 피해를 입힌다. 애벌레는 부패균을 옮겨서 기주식물을 죽게 만든다. 또한 즙을 빨아먹어 피해를 일으킨다.

벼줄기굴파리 유충은 뚝새풀이나 기타 벼과 잡초의 줄기 속에서 유충 상태로 월동한 후 이듬해 봄에 나와서 기주식물을 가해한다. 못자리나 이앙된 논에 침입하여 벼 잎에 1개씩 산란한다. 부화한 유충은 생장점 부근으로 이동하여 잎을 갉아먹어 피해를 일으킨다. 피해를 입은 잎은 가늘고 긴 구멍이 뚫리고 조직이 세로로 파열된다. 피해 부위는 황색으로 변색되며 말라죽거나 위축된다. 이렇게 해서 이삭에 쭉정이가 생기는 원인이 되는데 피해 상황은 중북부 지방과 산간지대에 특히 심하다.

굴파리가 호박 잎에 여러 갈래로 굴을 파놓은 모습

천적 곤충에게 희망을!

아메리카잎굴파리는 제주 화훼재배 농가에 큰 피해를 발생시켰다. 서귀포 거베라 재배 포장에 나타난 굴파리가 잎 조직에 굴을 만들어 고사시켰다. 특히 비닐하우스 등의 꽃 재배장에서는 연중 발생하고 있어서 문제다. 그런데, 아메리카잎굴파리는 지금까지 발견되었던 해충이 아니다. 묘종에 묻어 들어왔을 것으로 추정하는 외래 해충이어서 유입 검사 강화 대책이 시급하다.

아메리카잎굴파리를 방제하려면 일단 방충망 설치를 해야 한다. 시설 재배지의 창문이나 출입구 등에 한랭사(모기장)를 설치하여 성충을 차단하는 게 필수다. 묘상에서는 황색 유인 끈끈이를 설치하면 도움이 된다. 파리가 꼬이지 않도록 기피제를 살포하고 미완숙 퇴비 사용은 자제하는 게 좋다. 벼줄기굴파리의 경우 주변의 잡초를 일찍 제거하여 발생원을 줄이는 것도 효과적이다. 무엇보다 벼 품종에 따라 저항성이 다르기 때문에 저항성 강한 품종 개발이 시급하다.

가장 기본적으로 사용되던 굴파리 방제법은 농약 살포다. 5~7일 간격으로 2~3회 연속 방제하면 효과가 있다. 그러나 굴파리가 줄기 속으로 들어가면 효과가 없다. 적절한 방제 시기를 결정하는 게 방제의 성공을 좌우한다. 그러나 생채를 먹는 작물의 경우에는 화학적 방제를 기피할 수밖에 없다. 제충국이나 데리스제처럼 유기농산물 생산에 등록된 약제를 사용해야 된다. 최근에는 친환경 농산물이 높이 평가받으면서 가장 보편적으로 사용되던 농약 살포가 주춤하고 있다. 그 대신 친환경적인 생물학적 방제법이 인기를 끌고 있다.

천적을 이용한 생물학적 방제법은 가장 화두가 되고 있다. 굴파리 방제에 뛰어난 천적은 굴파리좀벌과 잎굴파리고치벌이다. 기생벌은 잎굴파리 애벌레의 몸속에 알을 낳는다. 알에서 깨어난 굴파리좀벌 유충은 굴파리 알을 모두 죽이고 태어난다. 또한 굴파리좀벌 유충은 잎 속에 숨어 있는 잎굴파리 유충을 찾아서 공격한다. 기생벌들은 소리 없이 해충들을 물리치는 천적이다. 방사 시기만 잘 검토하여 시행하면 방제 효율을 더욱 높일 수 있다.

천적 곤충을 활용한 농법은 자연 생태계를 보전하면서 친환경적인 농산물을 수확할 수 있다는 큰 장점이 있다. 합성 농약에 의한 해충방제를 천적 방제법으로 바꾸면서 농약 사용량도 줄었고, 고품질 안전 농산물도 생산할 수 있게 되었다. 천적 방제법은 농업 경쟁력을 높일 수 있는 미래 지향적 방제법이다. 최근 안전한 농산물에 대한 수요가 늘면서 지자체에서도 천적 구입비 등의 친환경 재배 지원을 아끼지 않고 있다.

네덜란드는 농산물 생산 면적의 90% 이상을 천적 곤충으로 방제하며 생산한다. 그러나 우리나라는 아직 10%도 채 못 된다. 천적 곤충을 활용하면 부가 가치가 높은 친환경적인 수확물을 거둘 수 있다. 앞으로 천적 곤충 방제를 확대시켜 친환경적인 고품질 안전 농산물을 생산하고 국민 건강에도 기여하게 되길 기대한다.

쓰레기를 분해시키는 동애등에, 해충을 잡아먹는 천적 곤충 등은 새롭게 주목받는 곤충 산업이다. 애완용, 의약품 생산 등 생물 다양성이 풍부한 자원 곤충은 다방면에 활용되고 있다. 국내 자원 곤충 시장은 점점 더 급증할 것으로 기대된다. 전 세계 120여만 종이나 되는 최대의 미개발 자원 곤충이 고부가 가치 생명 산업에 새로운 블루오션으로 떠오르고 있다. 구더기에게도 태양이 뜨는 날이 찾아온 것처럼 지구상의 미개발 자원을 잘 활용하면 지구촌 식구들에게 큰 도움이 될 것이다.

숲을 병들게 만든 산림해충
잎벌

산림 해충과 산불

연쇄방화범 울산 불다람쥐가 1995년부터 2011년까지 총 81.9ha에 이르는 산불을 발생시켰다. 16년 동안 축구장 면적 114개의 임야가 불탔고 피해 금액도 18억 원에 이른다. 그러나 타인 소유의 산림과 산림보호구역 그리고 보호수에 불을 지른 자는 7년 이상의 징역에 처한다는 규정만 있어서 직접적인 피해 금액을 방화범에게 적용하지 못 하고 있다. 생활 터전을 잃은 동식물들의 처지만 안타까울 뿐이다.

　메마른 봄철 건조 주의보가 지속되면 우리나라 곳곳은 산불로 몸살을 앓는다. 바람을 타고 산불이 빠르게 번지면 소중한 산림은 금방 잿더미로 변한다. 야산은 잡초만 무성한 허허벌판으로 바뀌고 작은 묘목만 듬성듬성 남는다. 건너편 능선에 아름드리나무가 울창한 것과 대조적이다. 백두대간을 순식간에 뒤덮은 산불은 숲을 병들게 한다.

2000년 고성 산불과 2005년 양양 산불에 이어 2009년에는 산불 피해 면적이 57.04ha로 10배나 증가했다. 2010년에는 91.47ha의 귀중한 산림이 불타면서 산림이 송두리째 사라지고 있다. 2011년 상반기에도 축구장 200개 면적에 해당하는 산림이 불탔다. 거세게 번지는 불길은 숲의 수많은 생물까지 순식간에 집어삼킨다.

활활 타오르는 불길에 숲은 파괴되고 생물들은 급히 도망치거나 죽어서 흔적조차 찾기 힘들다. 민가의 주택도 산불에 휩쓸리면서 주민들도 삶의 터전을 잃었다. 산야의 생물들은 봄비가 내리길 간절히 소망한다. 부슬부슬 내리는 차분한 봄비에 숲의 생물들은 겨우 안정을 되찾는다. 그런데 한순간에 숲을 잿더미로 만든 울산다람쥐보다 더 치명적인 숲 파괴자가 있다.

기후 변화를 틈타 기승을 부리는 산림 병해충이다. 2008년부터 2010년까지 강원도 내 산림 약 11만 ha에서 솔잎혹파리와 참나무시들음병이 발생했다. 지금도 솔잎혹파리 피해는 지속되고 있다. 잣나무넓적잎벌, 꽃매미, 오리나무잎벌레, 흰불나방 등의 병해충 피해 면적은 점차 늘고 있는 추세다. 삼림해충森林害蟲(forest pest)은 수목樹木의 잎, 줄기, 뿌리, 종자 등에 피해를 주는 해충을 말한

솔잎혹파리 피해 방제 모습

다. 국내에는 1000~2000여 종의 수목 해충이 있다.

수목 해충은 종류에 따라 피해를 일으키는 곳이 다양하다. 묘목을 길러내는 곳에는 묘포해충苗圃害蟲인 굼벵이, 거세미나방, 땅강아지, 진딧물, 응애류, 깍지벌레, 황철나무잎벌레, 미루재주나방 등이 발생한다. 잎을 갉아먹는 식엽성食葉性 해충에는 솔나방, 어스렝이나방, 미국흰불나방, 독나방, 미루재주나방, 텐트나방, 매미나방, 오리나무잎벌레, 솔노랑잎벌, 잣나무넓적잎벌 등이 있다.

벌레혹을 만드는 충영성蟲癭性 해충에는 솔잎혹파리와 밤나무순혹벌이 유명하다. 나무를 갉아먹는 식재성食材性 해충에는 소나무좀, 소나무노랑점바구

산림에 피해를
일으키는 다양
한 산림해충들

1 2
3 4

미국흰불나방,
오리나무잎벌레,
진딧물충영, 밤
나무혹벌

미, 미끈이하늘소, 박쥐나방 등이 있다. 구과毬果 및 종자를 가해하는 해충에는 밤바구미, 복숭아명나방, 솔얼룩명나방 등이 있고 즙을 빨아 피해를 주는

204

흡수성吸收性 해충에는 솔껍질깍지벌레, 진딧물류 등이 있다.

다양한 산림 해충 중 솔잎혹파리, 흰불나방, 텐트나방, 집시나방, 풍뎅이류, 진딧물류, 응애류, 솔껍질깍지벌레, 잣나무넓적잎벌, 솔얼룩명나방, 소나무좀 등의 피해가 크다. 솔잎혹파리는 국내에 서식하는 소나무에 막대한 피해를 일으켰던 해충이다. 소나무와 곰솔 잎의 기부에 충영을 형성하여 문제를 일으킨다. 수액을 빨아 먹으면 잎이 고사된다. 최근 솔잎혹파리, 재선충 등의 피해 면적이 줄고 있다는 것이 다행스러울 뿐이다.

울창한 산림을 자랑하는 홍천, 포천, 양구 지역의 명품 잣나무에는 잣나무넓적잎벌 피

모습이 다른 잎벌(테수염검정잎벌)과 말벌

해가 확산되고 있다. 잣나무넓적잎벌은 벌목 납작잎벌과에 속하는 원시적인 벌로 우리가 보통 알고 있는 벌과는 다르다. 잎벌은 가슴과 배 사이가 잘록하지 않고, 편평한 일자 허리를 갖고 있으며, 침이 없어서 쏠 수가 없다.

잎벌 애벌레는 원통형이며 가시와 털이 없고, 가슴에 3쌍의 다리를 갖고 있다. 가슴다리와 배다리를 갖고 있는 모습만 보면 나방 유충과 닮았다고 생각된다. 더욱이 잎을 갉아먹고 있는 모습을 보면 누가 봐도 나방 유충이라고

생각할 만하다. 그러나 4쌍의 배다리를 갖는 나방 유충과 달리 잎벌 유충은 6~8쌍의 배다리를 갖고 있어서 차이가 있다.

잎벌은 나방 유충처럼 오로지 잎을 갉아먹기 때문에 해충이 된다. 그러나 어른이 된 잎벌은 꽃에서 흔히 발견된다. 봄부터 초여름에 걸쳐서 많이 발생하며 작은 곤충을 잡아먹고 사는 종류도 있다. 식물 조직에 상처를 내고 알을 낳는다. 암컷 잎벌 산란관 끝이 톱니 모양이어서 톱니파리 sawfly라 불린다. 잎벌은 잎벌과, 납작잎벌과, 등에잎벌과, 나무벌과, 수중다리잎벌과 등 종류가 다양하며 전 세계에 4,000종, 국내에는 90여 종이 살고 있다.

잎벌은 잣나무를 좋아해!

잣나무넓적잎벌은 잣나무 잎을 좋아하기 때문에 잣나무 밀집 지역에서 생활한다. 유충 시기에 새 잎을 가해한다. 잎이 손상되면 나무의 생장은 물론 잣 생산량에도 막대한 손실이 발생된다. 기주식물이 경제 수종인 잣나무이기 때문에 대발생하면 생산량에 큰 손실이 생긴다. 성충은 잣나무 가지 또는 잎에서 교미 후에 새로 나온 잎에 1~3개씩 산란한다. 알에서 부화된 애벌레는 잎 기부에 실을 토하고 잎을 묶어 집을 짓고 잎을 절단하며 섭식한다.

유충은 잣나무 잎을 갉아먹으며 4회 탈피하며 어른이 된다. 7월 중순에서 8월 하순에 다 자라서 노숙 유충이 되면 땅 위에 떨어져 흙속에 흙집을 짓고 겨울나기를 한다. 봄이 되면 성충이 되어 날아다닌다. 보통 연 1회 발생한다. 잣나무넓적잎벌이 최초로 발견된 것은 1953년 경기도 광릉에서다. 1960년대 전후와 1980년대에 극심한 피해를 주었다.

잣나무넓적잎벌은 3~4년간 지속적으로 잎의 생장에 피해를 일으킨다.

특히 잣 생산이 많은 20년생 이상의 잣나무에 많이 발생하여 잣 채취량에 심각한 타격을 입힌다. 전국 잣 생산량의 60~70%를 차지하는 홍천군의 경우, 잣나무넓적잎벌 피해에 매우 민감하다. 2007년부터 항공 방제와 솎아베기 등의 방제 사업을 통해 개체수가 많이 줄어드는 효과를 보는 듯 했다.

그러나 최근 다시 고개를 들고 있어서 추가 방제가 필요하다. 항공 방제는 아무리 저독성 약제를 사용해도 주민의 불편을 초래할 수밖에 없다. 양봉, 장독, 가축 먹이통, 우물 등을 덮어주어 사전에 대비해야 된다. 등산을 금지하고 약수터의 물도 먹지 말아야 한다. 그래서 지금도 산림과 인접한 양봉, 축산, 밭작물 농가와의 마찰이 계속되고 있는 실정이다. 방제 헬기 추락 사고가 발생하면 항공 방제도 중단되기 때문에 잣 채취 농가와 지자체만 애를 태우고 있다.

여러 가지 잎벌 성충과 유충. 장미등에잎벌, 왜무잎벌, 황갈테두리잎벌

무잎벌Athalia rosae ruficornis 유충은 십자화과 채소 등의 잎을 갉아먹으며 생활한다. 배추흰나비, 밤나방 유충과 피해 형태가 닮았지만 큰 잎줄기만 남기고

가장자리부터 갉아먹는다는 점이 다르다. 유충은 남색에 가는 가로주름이 많고 광택이 난다. 가슴은 약간 부풀었고, 성장하면 15~20mm까지 자라며 가을에 피해가 크다.

노숙 유충은 땅속에서 흙 사이에 고치를 짓고 월동한다. 4월 하순경부터 번데기가 되는데, 번데기 기간은 극히 짧고 5월 상순경부터 1회 성충이 나타난다. 우화 후 수일 내에 교미하고 산란한다. 알은 십자화과 채소의 잎 조직에 하나씩 낳는다. 산란된 부위는 약간 부풀어 오르며 1~2주일 후 유충으로 부화한다. 부화된 1령 유충은 처음에는 잎에 작은 구멍을 뚫으며 섭식하지만 자라면서 잎의 가장자리부터 불규칙하게 갉아먹는다.

한참 갉아먹고 있는 잎벌 유충을 건드리면 노래기처럼 몸을 둥글게 말고 땅에 떨어진다. 이른 아침과 흐린 날에는 잎 뒤에 숨었다가 맑은 날에 잎 위에 나타나서 가해한다. 잎벌류 피해가 심한 곳은 통풍이 나쁘거나 솎아주기가 안 된 작물 포장이다. 통풍을 좋게 하고 솎아주면 작물을 튼튼히

잎벌 유충은 나비류 애벌레처럼 잎을 갉아먹는다. 검정날개잎벌과 극동등에잎벌

할 뿐 아니라 잎벌 피해도 관리할 수 있다. 별도로 등록된 약제는 없지만 배

추좀나방 방제 약제로 동시 방제하면 된다. 제충국제(국화과에 속하는 제충국除蟲菊으로 만든 약제) 계통과 유기인계有機燐系(파라티온처럼 살충력 강한 살충제)도 효과가 있다.

잎벌 해충 방제에는 친환경적인 미생물 방제법이 사용된다. 그러나 적용 해충 범위가 적고 효과가 수일에서 수주일 후에 나타나기 때문에 불리한 점도 있다. 천적을 이용한 방제법도 각광받고 있다. 낙엽송 해충 낙엽송잎벌을 조사한 결과 주요 천적이 낙엽송잎벌살이뾰족맵시벌로 밝혀졌다. 낙엽송잎벌살이뾰족맵시벌은 낙엽송잎벌 기생률이 42%나 되었다.

천적을 이용한 친환경 방제는 방제 효과와 상품성을 크게 향상시켰다. 브로콜리와 적겨자, 다채 등 십자화과 엽채류에서 문제가 큰 배추좀나방을 천적 배추나비고치벌(기생봉)을 활용한 결과 61%의 방제효과를 올렸다. 경제성이 높기 때문에 다양한 천적을 활용한 친환경 방제법에 더욱 주목하고 있다. 잘 활용할 수 있도록 농부를 대상으로 친환경 방제 기술에 대한 교육도 병행하고 있다. 여러 유용 곤충 연구소에서는 천적 곤충을 꾸준히 연구 중이다.

숲을 보전하기 위한 노력들

한국 전쟁 후 60여 년에 걸쳐 우리는 헐벗은 민둥산을 사철 푸른 숲으로 바꾸었다. 국제식량농업기구FAO에서는 우리나라를 '최단기 녹화 성공국'으로 인정했다. 인도네시아, 몽골 등 많은 개발도상국이 우리나라의 녹화 기술을 벤치마킹하고 있을 정도다. 경험을 바탕으로 몽골 그린벨트 조림사업을 통해 사막화 방지 사업에도 나서며 세계 각국에 산림 경영의 노하우를 수출하고 있다.

그러나 해마다 서울 남산의 17배에 달하는 산림이 산불과 병해충으로 사라지고 있는 형편이다. UN이 지정한 2011년 세계 산림의 해International Year of Forests를 맞았지만 우리나라 최고의 산림 강원도는 산불과 병해충으로 야생동물들의 신음소리가 끊이지 않고 있다. 최근 3년 사이 강원도에서만 축구장 15만 2,600여 개에 달하는 산림이 신종 병해충으로 고사되거나 불에 타버렸다. 2008년 5ha 그쳤던 산불 피해 면적은 91ha로 늘었다.

최근 3년간 10만 9,027ha에 솔잎혹파리 등의 병해충이 발생했다. 기후 변화로 천적이 없는 신종 병해충까지 점차 늘고 있으며 분포 범위도 넓어지고 있다. 추운 겨울날씨가 이어지면서 동해를 입은 수목들이 약해지자 병해충들은 더욱 극성을 부린다. 산불과 병해충이 우리나라 산림을 위협하고 있다.

열대지역 국가들은 벌목과 개발로 산림을 파괴하고 있다. 유엔 총회는 전 세계 70억 인구의 생존과 더 나은 삶을 위해 숲이 필요하다고 판단했다. 그래서 숲의 지속가능한 관리와 보전, 지속가능 발전에 대한 인식을 높이려고 2011년을 세계 산림의 해로 선포했다. 숲은 인간에게 휴식처를 제공하고 깨끗한 물의 원천이 된다. 생물 다양성 보전과 물 공급, 탄소 격리, 홍수 조절, 산사태와 사막화 방지, 식량과 의약품 등의 광범위한 환경 서비스를 제공한다. 목재, 땔감, 과일, 견과류, 약용식물 등 다양한 산물도 제공한다.

숲은 가장 생산적인 육지 생태계로 기후 변화 완화와 농업에 기여한다. 열대, 아열대, 지중해성, 온대, 아한대 지역의 다양한 숲은 육상 생태계의 $\frac{2}{3}$를 차지한다. 수천만 종의 동물, 식물, 곤충이 서식하는 생물 다양성의 피난처도 되어준다. 지구 생물 다양성의 80%가 건강한 숲 생태계에 의존하고 있는 것만 봐도 그 중요성을 짐작할 수 있다. 특히 열대지역의 숲은 지구 전체 면적의 10%에 불과하지만 생물 다양성의 60% 이상을 차지하는 매우 중요한 곳이다.

숲이 담당하는 또 하나의 중요한 역할은 탄소 순환이다. 숲은 탄소를 저장하고 온실 가스를 흡수하며 대기 중의 방출을 막아준다. 숲 생태계는 육상 탄소 중 지상의 80%, 지하의 40%를 보유하고 있다. 지구 대기에 있는 것보다 2배가 넘는 탄소가 숲에 저장되어 있는 셈이다. 탄소 저장고로서의 역할은 지구 기후 변화 논의에서도 주목받고 있다.

그럼에도 불구하고 열대와 아열대 지역의 벌채와 개발로 이산화탄소 발생이 문제가 되고 있다. 열대 지역 벌채는 전 세계 인간 활동에 의해 발생하는 이산화탄소량의 25%를 차지한다. 교통 수단에서 나오는 배출보다 더 많다. 세계식량농업기구에 따르면, 열대 숲은 급속한 인구 증가와 농장과 목초지 증가로 위협받고 있다. 지구의 기후와 환경 안정에 중요한 역할을 감당하는 숲이 사라지고 있다. 기후 변화 대응력을 높이기 위해서는 생물권 보전 지역이나 국립공원을 우선적으로 보전해야 되지만 현실적으로 어려운 실정이다.

우리나라도 산불과 병해충뿐 아니라 각종 개발과 기후 변화로 숲이 위협받고 있다. 개발을 하기 전에 환경에 악영향이 없는지 철저한 사전 조사가 필요하다. 유휴토지 조림, 해외조림 등을 통해 탄소 흡수원 확충과 도시의 쾌적한 삶을 조성하기 위한 도시 숲 확대, 그리고 녹색 네트워크 구축 등 다양한 정책이 필요하다. 산림의 다양한 가치를 국가 경제와 국민 생활에 적용할 수 있도록 노력해야 한다.

산림에서 생산되는 다양한 가치는 후손들에게도 지속적으로 제공되어야 마땅하다. 하지만 현실은 그렇지 못하다. 지속가능한 산림 경영이 목표이지만 여러 가지 난관에 부딪쳐 힘겹기만 하다. 무엇보다 우리는 기후 환경에 알맞은 수종을 식재하고, 병해충에 강한 수종을 개발해야 한다. 우리 인간 역시 산림 생태계가 건강한 지구촌에서 행복하게 살 수 있다는 걸 아직도 인지하지 못 하는 것일까? 푸른 숲 조성을 위해 나부터 나서야 할 때다.

보이지 않는 미소해충 _응애류

곰, 마늘 먹고 여인이 되다

단군신화 이야기 속의 곰과 호랑이를 보자. 그들은 쑥과 마늘만 먹으면서 100일 동안 햇빛을 보지 않으면 사람이 될 수 있다는 환웅의 말을 믿고 '사람 되기'에 도전했다. 호랑이는 참지 못 했지만 인내심 강한 곰은 100일을 견딘 끝에 웅녀가 되었다. 웅녀는 환웅과 결혼하여 단군을 낳았고 단군은 평양에 도읍을 정하고 국호를 조선이라 했다. 웅녀가 마늘을 먹었다면 인간이 마늘을 먹고 살아온 지도 4000년이 넘는다.

    마늘은 우리나라를 대표하는 향신료다. 향신료를 많이 사용하는 인도와 동남아시아 국가처럼 우리나라 음식에는 마늘이 많이 들어간다. 서양 사람들은 독특한 마늘 향에 인상을 찌푸리지만 좋은 약이 입에 쓴 것처럼 마늘은 건강에 매우 좋은 식품이다. 마늘은 한국 음식의 독특한 맛을 만들어내는 뛰어난 식재료다.

마늘에 함유된 알리신은 신경 세포의 흥분을 가라앉혀서 불면증과 스트레스 해소에 도움을 준다. 피로하거나 기력이 빠지면 체내에 저장된 알라신과 비타민 B1 결합 물질이 적절히 사용되어 활력을 불어넣는다. 위액 분비도 촉진시켜 소화 불량도 해소시키고 췌장 세포를 자극하여 인슐린 분비를 촉진하므로 당뇨병 치료에도 효과가 뛰어나다. 특히 뭉친 혈전을 녹여서 혈관을 뚫어주기 때문에 심근경색, 동맥경화, 심장마비, 뇌경색 등의 각종 성인병도 예방할 수 있다. 그래서 고기를 먹을 때 마늘을 함께 먹는 것이다. 마늘에 들어 있는 칼륨은 혈압을 다스리는 데도 좋다.

마늘은 페니실린보다 항균력과 살균력이 뛰어나다. 장내 세균 활동을 억제시켜 장운동을 활발하게 해주며 위궤양을 일으키는 헬리코박터 파이로리균도 죽인다. 대장균, 결핵균, 뇌염균 등도 퇴치한다. 마늘의 살균 작용 덕분에 고기를 마늘 양념에 재워 보관하면 오랫동안 보관할 수 있다. 해독 작용이 뛰어나서 중금속과 유해 물질을 밖으로 잘 배출시킨다. 특히 마늘의 알리신, 셀레늄, 디아릴디설파이드, 유기성 게르마늄 등은 항암 작용까지 한다.

마늘의 셀레늄 성분은 주름을 예방하여 노화도 더디게 한다. 각종 미네랄은 혈액을 맑게 하고, 노폐물 배설을 촉진시키므로 다이어트에도 효과적이다. 아토피성피부염, 가려움증 등 피부병에도 효능이 있고, 감기 바이러스를 죽이는 항바이러스 작용까지 한다. 마늘이 들어간 우리나라 재래 음식은 건강을 지키는 최고의 음식이다.

마늘은 우리 식생활과 뗄 수 없는 양념이다. 한국 음식의 대표 김치에도 마늘이 많이 들어간다. 생마늘이 효능이 더 뛰어나지만 위에 자극을 줄 수 있기 때문에 많이 먹으려면 불에 굽거나 장아찌처럼 숙성시켜 먹는 게 좋다. 그러나 요즘 젊은이들은 피자, 햄버거 같은 서양 식품에 밀려 마늘을 외면하고 있다. 물론 마늘 향에 어쩔 줄 몰라 하는 한국인은 없지만.

토종 한국인처럼 독특한 마늘향을 좋아하는 녀석이 또 있다. 마늘 지표면 부위에는 고자리파리가 피해를 발생시킨다. 그러나 보이지 않는 곳에 더 큰 마늘의 적이 살고 있다. 땅속에서 가해하는 응애다. 응애는 곤충류가 아닌 거미류의 절지동물이다. 그런데 대부분 몸길이가 1mm도 되지 않을 정도로 매우 작은 미소해충이다. 현미경으로만 겨우 보이기 때문에 육안 관찰이 어려워서 피해를 발견하기조차 힘들다.

마늘의 뿌리 부분을 가해하는 대표적인 해충은 마늘혹응애다. 몸길이가 0.25mm 정도로 매우 작고, 방추형의 길쭉한 모습을 갖고 있다. 흰색 또는 연한 미색을 띠고 있으며 인도, 유럽, 아프리카, 북미, 남미, 뉴질랜드, 일본, 중국 등 세계적으로도 널리 분포하는 해충이다. 1994~1995년에 걸쳐 마늘 혹응애 분포도를 조사했더니 무안, 신안, 의성, 해남, 단양, 고흥, 하동 등 국내 마늘 주산단지에는 모두 살고 있다는 사실이 확인되었다.

뿌리응애도 마늘, 쪽파 등의 파속 작물에 피해를 발생시킨다. 마늘혹응애보다는 크기가 조금 더 크지만, 이 역시 0.6~0.7mm로 작아서 육안 식별이 힘든 것은 마

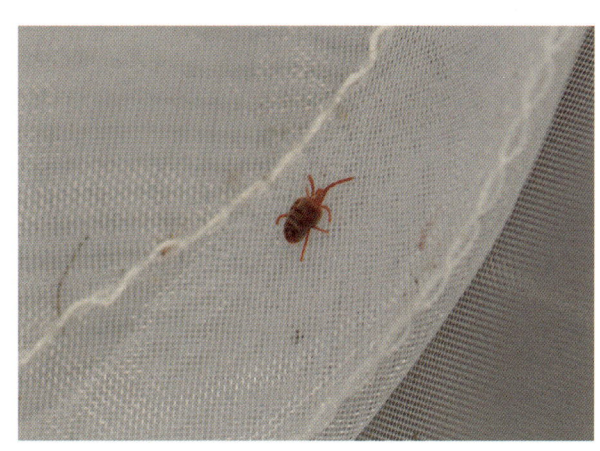

다리가 4쌍 달리 거미류 해충 응애

찬가지다. 마늘 생육기에는 땅속 지하부의 인경과 뿌리를 가해한다. 마늘 수확 후에도 저장 중인 인경에 피해를 준다. 1년에 10여 세대를 경과할 정도로 번식력이 매우 뛰어나다.

마늘혹응애나 뿌리응애는 마늘뿐 아니라 다양한 작물도 가해한다. 마늘혹응애는 양파, 튤립, 밀, 옥수수 등을 기주식물로 삼는다. 뿌리응애는 백합, 글라디올러스 등의 구근류 등 14과 28종의 작물에 널리 피해를 발생시킨다. 차먼지응애는 마늘이 아닌 고추에 피해를 일으키는 해충으로 유명하다. 전국의 주요 시설 고추 재배단지에서 발생이 늘고 있다. 물론 마늘혹응애나 뿌리응애처럼 몸길이가 매우 작아서 피해 증상을 확인하기는 어렵다. 점박이응애는 참외, 당귀, 고추를 가해하며 차응애는 더덕, 도라지를 가해한다.

응애류는 거미, 전갈, 진드기와 함께 거미류에 속하는 절지동물이다. 콩과작물과 박과작물은 물론 딸기와 들깨 등 다양한 작물을 가해한다. 매우 작은 미소해충이어서 피해를 확인하기 어렵기 때문에 막아내

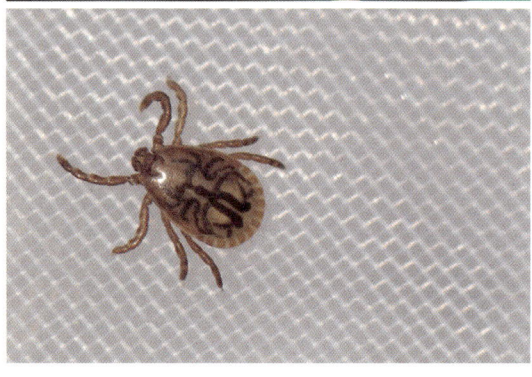

별늑대거미, 아기늪서성거미, 진드기는 곤충류와 다른 거미류의 절지동물이다

기도 힘들다. 미소해충으로는 응애류 외에도 선충, 총채벌레, 온실가루이도 있다. 뿌리혹선충은 십자화과와 박과작물, 뿌리썩이선충은 당근과 우엉, 딸기눈선충은 딸기, 감자뿌리썩이선충은 감자, 벼잎선충은 벼에 피해를 준다. 파총채벌레는 토마토, 고추냉이총채벌레는 고추냉이, 꽃노랑총채벌레는 고추에 피해를 준다. 온실가루이(**노린재목 가루잇과의 미소곤충**)는 박과작물, 토마토, 고추, 가지, 참외에 피해를 준다. 너무 작은 미소해충들은 피해를 알아채기도 힘들 정도다.

작물을 흡즙하는 미소해충

마늘혹응애는 마늘 표면에 살면서 가해하고 알을 낳는다. 일단 한 번 발생하면 번식력이 매우 뛰어나기 때문에 밀도가 급격히 높아진다. 피해를 당한 마늘은 광택이 사라지고 거칠어진다. 더 진행되면 줄무늬가 생기고, 마늘 전체가 쭈그러들며 갈색으로 변한다. 가해를 당한 마늘은 비교적 쉽게 벗겨진다.

생육 초기에 가해 당하면 피해 잎이 꼿꼿하게 펴지 못 하고 말려버린다. 그러나 종구種球(seed bulb, **구군으로 번식하는 작물의 씨**) 단계에서 밀도가 높으면 생육이 크게 위축된다. 피해가 심각하면 상품성이 현저하게 떨어진다. 그러나 심각한 피해에도 불구하고 감염된 마늘을 확인하는 것은 쉽지 않다. 마늘혹응애가 워낙 작기 때문에 피해 상황도 오리무중이다. 수확한 마늘을 까서 마늘 표면에 피해 증상이 있는지 주의 깊게 살펴야만 겨우 알아낼 수 있다.

뿌리응애는 마늘에게 각종 병원균을 옮기는 매개충이다. 단독 피해보다 다른 병해충과 복합적으로 발생하여 피해를 더 크게 만든다. 뿌리응애는 병해 피해 부위나 고자리파리와 선충류 가해 부위에 모여들어 급격히 증식한다. 마늘인편과 뿌리 사이인 기저부에 발생되면 식물체가 고사한다. 그때 병원균과 고자리파리가 동시에 발생하여 피해가 더욱 커진다. 미숙퇴비 살포, 사질토양, 산성토양, 부식질이 많은 토양에서는 피해가 더욱 심하다.

마늘의 인경과 뿌리 사이인 인경기부와 인피와 인피 사이에 많이 분포한다. 황색으로 변하는 피해 증상은 고자리파리와 유사하지만 뽑아보면 인경기부에서 뿌리가 쉽게 떨어져 나가는 걸 볼 수 있다. 주로 마늘의 생장점 부근의 뿌리를 집단 가해하기 때문이다. 수확 직후와 마늘 저장 중 장마철 같은 고온다습한 환경이 되면 피해가 더욱 심해진다. 또한 산성 토양을 선호하기 때문에 석회를 충분히 뿌려 산도를 조정해야 한다. 육안으로 관찰하기 어렵지만 군집으로 발생하면 쉽게 발견된다.

차먼지응애는 적정한 온도에서 발육과 번식이 매우 빠르다. 25℃ 정도의 기온이면 알에서 성충까지 성장하는 데 약 7일밖에 소요되지 않는다. 암컷 한 마리가 보통 50~60개의 알을 낳고 수명은 1~2주 정도다. 주로 고추 잎 뒷면을 가해하기 때문에 고추의 생육 중기에 잎과 가지가 서로 닿으면 이동이 쉬워진다. 차먼지응애가 가해하면 초기에는 잎이 진한 녹색을 띠고 반질거리지만, 시간이 지나면 잎 가장자리가 말리게 된다.

특히 고추 유묘기 때 차먼지응애의 밀도가 높으면 생장점이 고사하여 새로운 잎이 전개되지 못 하고 생육이 크게 위축된다. 피해 증상이 바이러스병과 비슷해서 혼동하기 쉽지만 생장점 부위가 시간이 지남에 따라 전체적으로 혹덩이처럼 변하는 게 다르다. 아무도 모르게 작물에 침입하는 미소해충 응애 때문에 농부들의 가슴속만 새까맣게 타들어간다.

응애처럼 작은 미소해충 총채벌레와 선충도 피해가 크다. 총채벌레는 총채벌레목에 속하는 소형 곤충으로 오이총채벌레가 대표적이다. 오이총채벌레는 오이, 수박 등의 박과 작물과 명아주, 청비름 등 총 45종의 식물에서 생활한다. 암컷 성충의 크기는 1.2~1.4mm이며 수컷 성충의 크기는 0.9~1.0mm로 응애처럼 작다. 기주식물의 잎, 꽃, 줄기, 열매를 가해하면 초기에는 백색이 되지만 점차 갈색으로 변색된다. 심하면 잎이 말라 죽고 기형과가 생겨 상품 가치도 떨어진다.

마늘선충은 뿌리, 줄기, 잎은 물론 저장 중인 마늘도 가해한다. 선충이 뿌리에 감염되면 양분 흡수가 불량해져서 잎이 누렇게 변하여 말라죽는다. 하지만 미소해충인 탓에 눈에 잘 뜨이지 않아 발견도 어렵다. 피해 증상이 병원균에 의한 증상이나 양분 결핍 현상과 비슷해서 착각을 일으키기도 한다. 또 번식력이 좋아서 짧은 시간 내에 크게 번성하여 피해를 일으킨다. 눈에 잘 보이지 않아서 방제가 어려울 뿐 아니라 마땅한 방제 약제도 없어서 골치 아픈 해충이다.

총채벌레에게 피해를 입다

작은 것이 더 무서워!

마늘혹응애는 마늘 재배농가의 46%에 피해를 일으켰다. 그러나 아직도 해충에 대한 연구는 미흡한 실정이다. 마늘을 파종하기 전에 디메토유제를 이용하여 침지浸漬(dipping, immersion, soaking 등 식물을 약품이나 물에 담가 적시는 일)소독을 실시하고 연작지 포장에서는 심기 전에 토양 살충제를 처리하여 토양 내에 남아 있는 마늘혹응애를 없애는 게 우선이다. 구군으로 번식하는 작물의 씨를 만들 때는 가능하면 마늘을 까서 소독하는 게 효과가 좋다. 마늘혹응애는 껍질에서만 산다. 반드시 껍질 안쪽의 표면만 가해하기 때문에 소독할 때는 껍질만 벗기는 게 좋다. 재배 단지별로 공동 훈증 시설을 갖추는 것도 좋은 예방법의 하나이다.

뿌리응애는 파종할 때 씨마늘 소독을 철저히 하고, 토양 살충제를 적절히 살포해야 효과가 있다. 뿌리응애 발생이 심하면 씨마늘용 마늘 수확 즉시 뿌리를 칼로 깨끗이 도려내어 서식 장소를 제거해야 한다. 뿌리응애는 종구의 껍질 사이와 토양 중에 널리 분포하기 때문에 방제가 어렵다. 건전한 종구를 심거나 재배 토양에 미숙 퇴비를 적게 사용하면 피해를 줄일 수 있다. 저장 중 피해를 막으려면 통풍이 잘 되게 하고 잘 건조시켜야 한다.

고추에 피해를 일으키는 차먼지응애는 바이러스 피해 증상과 비슷하다. 그래서 방제 시기를 놓치는 경우가 많다. 고추의 생육 중후기에 발생하면 고추 과실이 기형이 되거나 고추 표면에 코르크 증상(탄탄하게 변한 모습)이 발생되어 상품성이 떨어진다. 신초가 발생하는 생장점을 중심으로 가해하기 때문에 약제 살포시 신초 부위와 생장점 부근을 집중적으로 살포해야 한다.

한 번 발생하면 피해가 크기 때문에 유모기부터 주의 깊게 예찰해야 된다. 주로 잎의 앞면보다 뒷면에서 활동하기 때문에 약제를 잎 뒷면에 충분히 뿌려 주어야 효과가 좋다. 2~3일 간격으로 2회 이상 약제를 살포하는 게 좋고, 약제 처리 후 새로운 잎이 깨끗하게 나오면 성공한 것으로 판단하면 된다. 어린 묘를 구입할 때 생장점 부위의 어린 잎들을 잘 살핀다. 말리거나 기형이 된 잎이 없는지 주의해서 구입해야 예방할 수 있다. 고추는 지속적으로 열매를 수확하기 때문에 전 재배 기간 중에 계속 피해 예방에 힘써야 한다.

마늘혹응애, 뿌리응애, 차먼지응애, 선충, 총채벌레, 온실가루이 등의 미소해충들의 피해는 더욱 무섭다. 해충이 보이지 않기 때문에 피해가 확산되고 나서야 확인할 수 있으니까. 갑작스런 피해에 농부들은 힘을 잃는다. 육안으로 보고 방제하는 게 힘든 미소해충을 막기 위해 요즘에는 천적을 이용한 방제법에 관심을 쏟고 있다.

유자과원에서 천적 곤충을 조사한 결과 귤응애의 천적으로 깨알반날개, 꼬마남생이무당벌레, 칠성풀잠자리붙이, 애꽃노린재, 응애, 총채벌레, 관총채벌레류, 긴털이리응애가 관찰되었다. 진딧물류 천적으로는 무당벌레, 칠성무당벌레, 꼬마남생이무당벌레, 칠성풀잠자리붙이, 진디벌, 혹파리류가 있었다. 이처럼 농작물 주변에는 천적들이 많이 살고 있다. 해충을 잡아먹는 천적을 잘 선택하여 활용한다면 농약 없이도 효과적으로 해충 숫자를 조절할 수 있을 것이다.

천적 곤충인 칠성풀잠자리붙이와 무당벌레

미소해충은 눈에 보이지 않아서 퇴치가 더 어렵다. 그러나 천적들은 보이지 않는 해충도 귀신같이 잡아먹는다. 천적을 이용한 생물학적 방제법이 가장 효과적이라 일컫는 이유다. 천적을 이용한 방제법을 활용하려면 천적을 꾸준히 공급할 수 있는 천적 증식실을 갖추어야 한다. 점박이응애를 물리치려면 천적 칠레이리응애를 길러야 되고, 진딧물의 천적인 콜레마이진디벌을 계속 공급해야 진딧물 피해를 막을 수 있다. 오이총채벌레도 애꽃노린재나 포식성 응애류를 활용하면 효과적이다.

  해충들을 박멸하기 위해 살충제를 뿌리면 저항성이 생기기 쉽다. 그래서 약제도 바꾸어 가면서 살포해야 한다. 살충제에 저항성이 생기면 약제 방제도 소용이 없으니까. 응애류의 미소해충을 효과적으로 제압하기 위해서는 자연에 살고 있는 천적 활용이 가장 좋은 대안이다. 더욱이 천적 농법은 경영비를 절감해주고, 안전한 친환경 농산물을 생산하게 해주므로 고소득을 올리는 데 보다 효과적이다. 이렇듯 천적 농법은 해충과 천적의 평행 상태를 유지시켜 해충의 대발생을 억제시키는 데 크게 기여한다. 우리 주변의 천적은 친환경 농산물 생산과 자연 환경 보존을 위해서 매우 가치 있게 활용되는 매우 고마운 생물이다.

찾아보기_용어와 생물 이름

가로줄노린재	72, 74	광식성	16, 19~20
가루깍지벌레	176	괴경	39, 165, 167
가시점둥글노린재	81	괴물메뚜기	182~184
각다귀	195~196	구더기	193~198, 201
각시들명나방	30	국화잎굴파리	197
각시메뚜기	187	굴나방	39~40, 42
갈구리나비	57	굴파리	197, 199~200
갈색날개노린재	72~74, 89~90, 92~93	굴파리좀벌	200
감꼭지나방	94	굼벵이	113, 123~130, 178~179, 204
감자바이러스병	167	그을음병	94, 114~115, 117
감자부패병	167	금파리	192~195, 197
감자뿔나방	166~167, 169	기름빛풀노린재	89
감자역병	167	기생벌	62, 96, 117, 200
개미	35, 71, 100, 158	긴털이리응애	221
개미핥기	158	길앞잡이	70, 99~100, 147
거미	39, 62, 75, 84, 106, 216~216	길잡이페로몬	74
거세미나방	16, 19~20, 106, 204	깍지벌레	94, 151, 204
거위벌레	36, 43, 152, 157~159	깔따구	195
건부병균	167	깨알반날개	221
검거세미나방	19~20	꼬마남생이무당벌레	147, 221
검모무늬잎말이나방	37	꼬마방아벌레	164
검썩음병	92	꼽등이	44~45, 184
검정오이잎벌레	139	꽃노린재	52, 75, 84, 103~104, 108, 221
검정파리	195~197	꽃등에	195, 197
게아재비	105	꽃매미	107, 109~119
경고색	145~146	꽃무지	123, 125
경보페로몬	74	꿀벌	35, 90
경종적 방제법	85	끝동매미충	31
계급페로몬	74	나방파리	195
관총채벌레류	221	나비목	15, 27~28, 30, 36, 57, 60, 166

낙엽송잎벌	209	마늘혹응애	215~217, 219~221
낙엽송잎벌살이뾰족맵시벌	209	말벌	23, 35, 205
날개매미충	114	매미나방	204
날도래 유충	35	맵시벌	23, 117
남생이무당벌레	147	머위명나방	30
넓적배허리노린재	78	먹노린재	80~81, 84, 139
노랑나비	57, 59	명주달팽이	176
노랑날개쐐기노린재	103	모기	27, 113, 195
노숙유충	39, 46, 56	모메뚜기	188
녹색콩풍뎅이	128	모자이크병	63
다람쥐	15, 153~154	목화바둑명나방	30
다리무늬침노린재	101, 117	목화진딧물	115
단위 생식	116	무당개구리	144, 146
달무리무당벌레	147	무당거미	144, 146
담배거세미나방	16, 20, 22~23, 106	무당벌레	100~101, 134, 143~151, 164, 221
담배나방	16, 18, 20~23	무름병	63, 167
대만흰나비	57~59	무잎벌	207
더댕이병	167	무테두리진딧물	115
더듬이긴노린재	81~82	물자라	105
도둑벌레	15, 18~19, 21, 23, 42, 57	물장군	104, 105
도롱이벌레	36, 57~58	미국선녀벌레	114, 117
도토리거위벌레	154~157, 159~160	미국흰불나방	204
독나방	204	미끈이하늘소	204
동애등에	193~195, 197, 201	미디표주박긴노린재	81~82
두꺼비메뚜기	187~188	미루재주나방	204
두더지	35, 174, 178, 197	밀가루줄명나방	48
들민달팽이	176	밀방아벌레	180
등검은메뚜기	186	박쥐나방	204
등얼룩풍뎅이	127~128	반달가슴곰	152~153, 159, 185
딸기꽃바구미	158	반문	80
딸기잎벌레	133, 137~138, 140	반점미	79~80, 83, 85
땅강아지	173~181, 197, 204	밤나무순혹벌	204
떼허리노린재	78	밤바구미	204
똥파리	193, 195~196	방아깨비	188~190
레옹	98~99	방아벌레	161, 163~165, 176
마늘선충	219	배둥글노린재	81

배유	80	사냥벌	62
배추나비고치벌(기생봉)	209	사마귀	35~36, 99, 104~105, 113, 117, 178
배추벌레	54, 56~63	사막메뚜기	182
배추벌레살이금좀벌	62	사슴벌레	123, 147
배추살이고치벌	62	산호랑나비	61
배추좀나방	60, 62, 106, 209	상아잎벌레	134~135
배추흰나비	54, 56~60, 62, 207	선충	23, 130, 184, 217~219, 221
배홍무늬침노린재	101	섬서구메뚜기	188~190
버들잎벌레	134, 136	성페로몬	62, 74, 96
베달리아무당벌레	151	세줄콩들명나방	30
벼룩잎벌레	138, 167	소금쟁이	105
벼룩좀벌	117	소나무노랑점바구미	204
벼메뚜기	175, 184~188	소나무좀	204~205
벼멸구	31, 83, 110, 114, 139	솔껍질깍지벌레	205
벼물바구미	139, 158~160	솔나방	204
벼잎물가파리	176	솔노랑잎벌	204
벼잎벌레	139~140	솔얼룩나방	30
보리나방	48	솔얼룩명나방	204
복숭아거위벌레	157	솔잎혹파리	159, 203~205, 210
복숭아굴나방	39, 42	송장벌레	192
복숭아명나방	40, 204	송장헤엄치게	105
복숭아순나방	37, 39, 41	숯검은밤나방	19~20, 176
복숭아심식나방	40, 42	시골가시허리노린재	78~79
복숭아유리나방	40, 42	신농본초경	173
복숭아혹진딧물	115	십이점박이잎벌레	137, 146
북쪽비단노린재	102	십자무늬긴노린재	102
분홍무늬들명나방	140~141	쌀바구미	46, 48, 50, 158
붉은가슴잎벌레	139	썩덩나무노린재	72~73, 89, 91~92, 107
붉은등침노린재	101	아메리카잎굴파리	197~199
붉은잡초노린재	81~82	아스파라거스잎벌레	139
빨간긴쐐기노린재	103	알락수염노린재	72, 81, 89, 102
뿌리응애	215~217, 220~221	알벌	62
사과굴나방	39, 41	애꽃노린재	104, 221~222
사과무늬잎말이나방	37~38	애동근혹바구미	158
사과애모무늬잎말이나방	37, 38, 41	애멸구	31, 93, 110, 114~115
사과잎말이나방	37~38	애명나방	28

애모무늬잎말이나방	38	잎굴파리고치벌	250
애물결들명나방	30	잎말이나방	34, 36~43
애우단풍뎅이	128, 176	잎벌	206, 208, 210, 214, 216
애풍뎅이	128	자벌레	57
약충	69, 71, 78, 80~82, 91, 94, 104, 111, 113, 117, 179, 185, 188, 190	잠자리	99, 221
		잣나무넓적잎벌	203~207
어리쌀바구미	158	장구애비	105
어스렝이나방	204	장수풍뎅이	123
여치	36	장수허리노린재	78
연가시	44, 184	전갈	216
열점박이별잎벌레	146	점박이응애	216, 222
오리나무잎벌레	134, 203~204	제조	123
오이금무늬밤나방	19	조명나방	176
오이총채벌레	218, 222	좀남색잎벌레	134~135, 137, 140~141
온실가루이	217, 221	좁쌀메뚜기	188
완두굴파리	197~198	좁은가슴잎벌레	139
왕거위벌레	157	주둥무늬차색풍뎅이	128
왕귀뚜라미	176	주둥이노린재	62, 103~104, 108
왕담배나방	19, 23	주머니깍지벌레	94
왕빗살방아벌레	164	줄기굴파리류	176
왕침노린재	101	줄알락명나방	48
우리가시허리노린재	78~79	줄점팔랑나비	61
유시충	116	지렁이	173, 175
유아등	23, 96, 118, 129~130, 159	지잠	124
유인트랩	74, 95~96	진드기	216
유충	16, 23, 26, 29, 31, 35~49, 56~57, 59~62, 103, 106, 117, 126~129, 131, 134~135, 137~140, 146~147, 149, 155, 158, 164, 176, 194, 197, 200, 205~208	진디벌	221
		집합페로몬	68, 74
		차먼지응애	216, 218, 220~221
		차색알락명나방	48
		차잎말이나방	38
윤작(돌려짓기)	130	참가시노린재	102
은무늬굴나방	39, 41	참검정풍뎅이와 큰검정풍뎅이	126~127, 176, 180
응애	104, 204~205, 213, 215, 217~219, 221~222	참나무류	128
이세리아깍지벌레	151	참나무 시들음병	203
이화명나방	28~29	채소바구미	158
인편	27		

천연기념물	84, 88	혹파리류	221
철사벌레	161, 163~167, 169	홍비단노린재	102
초록애매미충(말매미충, 흰등멸구, 애멸구)	93	홍색얼룩장님노린재	81
초파리	195	홍줄노린재	102
총채벌레	104, 198, 217~218, 221	화랑곡나방	45~48, 52
칠레이리응애	222	황시응	109
칠성무당벌레	147, 221	황철나무잎벌레	204
칠성풀잠자리붙이	221	황충	182~184
침노린재	62, 98, 100~101, 103~108, 117	흑다리잡초노린재	81
콜레마이진디벌	222	흰개미	35, 91
콜체잎벌레	137	흰띠명나방	30
콩금무늬밤나방	19	흰불나방	203, 205
콩줄기명나방	30	흰점박이꽃무지	123~126
큰다색풍뎅이	176, 180	흰줄바구미	158
큰이십팔점박이무당벌레	148~150, 167, 169		
큰줄흰나비	57~58		
큰허리노린재	78		
탄저병	92		
텐트나방	204		
토마토잎굴파리	197		
톱다리개미허리노린재	66, 71~74, 89		
특재	99		
파굴파리	197~198		
파리	106, 192~197		
파리매	99, 101		
파밤나방	19, 21, 23, 117, 198		
파잎벌레	137		
팥중이	187~188		
페로몬	23, 66, 74~75		
풀색노린재	72, 89~90, 93, 102		
풍뎅이	123, 126, 129~130, 176, 205		
하늘소	124		
해썹	49~50		
형가	99		
호리허리노린잿과	71		
혹명나방	28~29, 32